应用型本科电气工程及自动化专业系列教材

电气工程设计与 EPLAN 绘图应用

（微课版）

主编　刘艺柱　沈博文

西安电子科技大学出版社

内 容 简 介

本书以电气设计标准、安全规范和制图流程为核心，通过室内照明电路设计、机床电气控制系统设计、车间低压配电系统设计三个典型案例，系统地阐述了电气设计与制图的关键知识点。

本书注重标准、规范在电气工程设计中的应用以及设计思维的培养，力求通过案例分析与讨论，提高设计的质量和可靠性。此外，本书结合多媒体教学和 EPLAN 软件操作，通过二维码链接视频的方式，为学习者提供了个性化的学习支持，有助于提高其电气设计和制图能力。

本书层次分明、语言通俗易懂，适合作为高等学校电气工程、自动化、机电等相关专业的本科生教材，也可供相关工程技术人员参考。

图书在版编目 (CIP) 数据

电气工程设计与 EPLAN 绘图应用 : 微课版 / 刘艺柱，沈博文主编 . -- 西安 : 西安电子科技大学出版社，2025.1. -- ISBN 978-7-5606-7456-8

Ⅰ . TM02-39

中国国家版本馆 CIP 数据核字第 2024EP5907 号

策　　划	明政珠
责任编辑	赵婧丽
出版发行	西安电子科技大学出版社 (西安市太白南路 2 号)
电　　话	(029)88202421　88201467　　　　邮　　编　710071
网　　址	www.xduph.com　　　　　　　电子邮箱　xdupfxb001@163.com
经　　销	新华书店
印刷单位	陕西天意印务有限责任公司
版　　次	2025 年 1 月第 1 版　　　　　2025 年 1 月第 1 次印刷
开　　本	787 毫米 ×1092 毫米　1/16　　　印张　14
字　　数	332 千字
定　　价	47.00 元

ISBN 978-7-5606-7456-8

XDUP 7757001-1

＊＊＊ 如有印装问题可调换 ＊＊＊

前　言

在当前的时代背景下，数字化电气设计技术已成为推动工业转型升级、提高设计质量、促进数字化制造进程、培育创新人才以及适应数字化时代发展需求的关键要素。与此同时，随着电气制图软件 EPLAN 的普及，电气行业对精通该软件的专业人才的需求日益增长。针对当前的培训资源多聚焦于软件操作层面，忽视了对电气工程设计能力的全面培养，导致学习者难以真正掌握电气设计的核心知识和技能的问题我们编写了本书。

本书以电气设计标准、安全规范和制图流程为核心，通过室内照明电路设计、机床电气控制系统设计、车间低压配电系统设计三个典型案例，系统地阐述了电气设计与制图的关键知识点。

本书特色鲜明，具体体现在以下几个方面。

(1) 强调标准、规范与流程：详尽阐述电气设计标准、安全规范及电气制图流程，引导学习者建立合规的电气设计思维，提升其工程实践能力。

(2) 重视设计思想与理念：明确指出 EPLAN 仅为电气绘图工具，而电气设计的关键在于设计思想与理念的塑造；通过案例分析与讨论，深化学习者对电气设计安全性、可靠性、可维护性等核心理念的理解与运用，从而提高其电气设计的能力。

(3) 提供个性化学习支持：采用二维码链接教学视频的方式，将传统的文字教学与多媒体教学相结合，便于学习者根据自身需求灵活调整学习节奏，提高学习效率。此外，考虑到软件版本的迭代升级，编者将同步录制、更新教学视频，确保学习者能够获取到最新的操作指导。

本书各章节内容相对独立，学习者可根据自身情况进行选择与组合。建议学时为48 至 64 学时。

天津中德应用技术大学教师刘艺柱和易盼软件 (上海) 有限公司沈博文担任本书主编。本书的电气部分由刘艺柱完成，EPLAN 部分由沈博文完成。天津中德应用技术大学毕业校友张永波、21 级自动化专业张凯璐同学、22 级电气工程与智能控制专业王珍海同学参与了本书的图纸绘制和视频录制等工作。

　　本书的编写和出版得到了易盼软件（上海）有限公司、天津彼洋自动化技术有限公司、天津中德应用技术大学和西安电子科技大学出版社的大力支持，在此表示衷心的感谢。此外，在编写本书的过程中，编者参考了很多同类优秀教材，在此谨向这些教材的作者表示感谢。

　　由于编者水平有限，书中难免存在不妥之处，敬请广大读者批评指正（编者 E-mail: luoyangpeony@sina.com）。

刘艺柱

2024 年 3 月

天津海河教育园

目　录

第1章 室内照明电路设计

电能作为一种基础能源，在全球的能源结构中占有重要地位。电能的应用领域广泛，其中电气照明作为电能利用的基本形式，其消耗量在全球范围内占据显著比例。据精确统计，照明领域每年所消耗的电能约占全球总电能消耗的 12% ～ 15%。具体到中国，国家绿色照明工程促进项目办公室的专项调查显示，国内照明用电量每年超过 3000 亿度电。

电气照明线路设计虽然在技术层面上相对基础，但一套高效、安全的照明系统的设计和安装过程复杂，涉及众多专业步骤和细节考量。设计过程中必须综合考虑光源选择、照明布局、能耗控制以及与建筑环境的协调性；安装时则需严格遵守电气安全规范，确保系统的可靠性和稳定性。任何设计或安装环节的疏忽都可能引发生活不便或生产安全风险，甚至可能导致严重的电气事故。

1.1 室内供配电系统

在电气工程领域，建筑电气设备体系聚焦于建筑物内部的电力供应、高效分配与智能管理，不仅保障了能源的有效利用，还确保了建筑物的运行安全与环境可持续性。其中，室内供配电系统作为该体系的核心枢纽，扮演着将外部电网提供的电能安全、稳定地传输至各类用电终端设备的关键角色，是实现电能高效转换与分配的基础。

从更为宽泛的视角审视，建筑电气设备体系可划分为工业用电与民用电两大范畴。在民用领域，建筑电气进一步细化为照明与动力系统、通信与自动控制系统两大主体部分，即业界常说的"强电"（主要涉及高电压、大电流的直接电能应用，如照明、动力设备等）与"弱电"（侧重于低电压、小电流的信息传输与控制，如通信线路、自动化控制网络等）。

1.1.1 室内供配电系统概述

在电气工程、建筑设计等领域，掌握供配电系统的基本概念是专业发展的基础。供配电系统的基本概念如表 1-1 所示。

室内供配电系统主要由电源进线、配电装置、电力线路和用电设备等组成。从外部电网引入的电力线路称为电源进线，是室内供配电系统的起点。配电装置包括配电柜、配电箱等，用于接收、分配电能，并对电路进行保护和控制。连接电源、配电装置和用电设备的导线称为电力线路，分为架空线路和电缆线路两种。消耗电能的设备称为用电设备，如照明灯具、电动机等。

表 1-1　供配电系统的基本概念

名称	解　释
供配电系统	利用电力设备和电力系统进行电力生产、输送、分配、消费的技术系统。它涵盖了输电、变电、配电和用电等多个环节，是电力系统的核心内容。
室内供配电系统	特指在建筑物内部，将电能从外部电网引入，并通过一系列配电装置和电力线路，安全、可靠地输送至各个用电设备的系统。

1.1.2　室内供配电线路

在建筑电气设备体系中，用电设备根据其功能和用途，被明确划分为动力设备与照明设备两大类。

动力设备主要包括电梯、自动扶梯、冷库制冷设备、风机、水泵、医院动力设备和厨房动力设备等。这些设备通常需要较大的功率和稳定的电压，因此动力线路一般采用三相供电方式。

照明设备则涵盖各种灯具以及家用电器，如电视机、空调等。虽然家用电器容量相对较小，但它们同样依赖照明线路供电，因此也被归入照明设备的范畴。

为了满足不同设备的电力需求，电力线路也需进行专业化分类，即动力线路与照明线路。动力线路主要负责为各类动力设备（如电动机等）提供所需的电能，一般采用三相供电线路；而照明线路则专门用于向照明设备（如灯具）供应电力，一般采用单相供电线路。

1.2　室内常用低压电器

在室内照明系统中，常用的低压电器有刀开关、熔断器、低压断路器、漏电保护器、电能表、室内配电电器等。

1.2.1　刀开关

刀开关是最简单的一种低压电器，一般用于无须经常切断与闭合的交流、直流低压（不大于 500 V）电路。在额定电压下，刀开关的工作电流不能超过额定值。

1. 刀开关的结构

刀开关主要由手柄、动触头（又叫闸刀或触刀）、静触头（又叫刀夹座或静插座）、绝缘底板等组成，其结构如图 1-1 所示。动触头与铰链支座连接，手柄固定在动触头上；

静触头由导电的弹性材料制成，固定在绝缘底板上。刀开关的电气符号如图 1-2 所示，文字符号为"QS"。

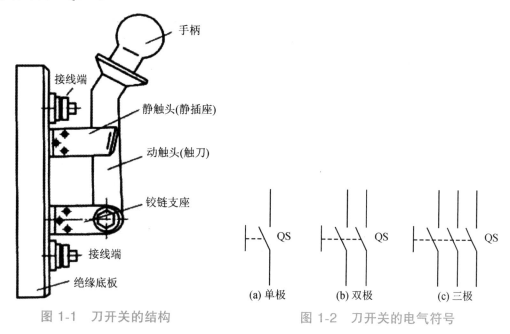

图 1-1　刀开关的结构　　　　图 1-2　刀开关的电气符号

2. 刀开关的工作原理

刀开关的工作原理基于动触头和静触头之间的物理接触和间隙分离，通过转动动触头实现电路的开闭。合闸操作时，刀开关的动触头与静触头在驱动机构的作用下相互接触，形成电气连接，电路导通。这一过程中，触头的接触必须准确可靠，以确保电路的稳定运行。分闸操作时，刀开关的动触头与静触头在驱动机构的控制下逐渐分离，电气连接断开。

刀开关在断开位置时，其触头应处于明显的分离状态；操作人员能够直观地观察到电路是否已断开，确保电路检修人员的安全，可有效避免因误操作而导致的触电事故。

3. 刀开关的参数

刀开关的参数及其含义如表 1-2 所示。

表 1-2　刀开关的参数及其含义

参　数	含　义
额定电压	刀开关在长期工作中能承受的最大工作电压。目前刀开关的额定电压为交流 500 V 以下或直流 440 V 以下
额定电流	刀开关在合闸位置允许长期通过的最大工作电流。小电流刀开关的额定电流有 10 A、15 A、20 A、30 A、60 A 等 5 个等级；大电流刀开关的额定电流有 100 A、200 A、400 A、600 A、1000 A 及 1500 A 等 6 个等级
分断能力	刀开关在额定电压下能可靠分断的最大电流

续表

参　数	含　义
动作次数	根据不同使用类别，刀开关在额定电流下的操作循环次数
使用寿命	刀开关的使用寿命分机械寿命和电寿命两种：机械寿命是指刀开关在不带电的情况下所能达到的操作次数；电寿命是指刀开关在额定电压下能可靠地分断额定电流的总次数
额定工作制	分为 8 h 工作制、不间断工作制两种

4. 刀开关的分类

负荷开关是在刀开关的基础上增加了一些辅助部件，如外壳、快速操作机构、灭弧室和电流保护装置 (熔断件) 等。负荷开关可分为开启式负荷开关、熔断器式负荷开关、封闭式负荷开关三类。

1) 开启式负荷开关

开启式负荷开关又称胶盖瓷底闸刀开关，它结构简单、价格低廉且使用维修方便，主要用作分支路的配电开关和电阻、照明回路的控制开关，也可用于控制小容量电动机的非频繁启动，如图 1-3 所示。

2) 熔断器式负荷开关

熔断器式负荷开关的静触头固定在底座或插头座上，动触头则由熔断体或带有熔断体的载熔体所组成，如图 1-4 所示。

图 1-3　开启式负荷开关

图 1-4　熔断器式负荷开关

安装负荷开关时，手柄向上，不得倒装或平装，避免由于重力自动下落而引起误动合闸。接线时，应将电源线接在上端，负载线接在下端，这样断开后，负荷开关的触刀与电源隔离，既便于更换熔丝，又可防止意外事故发生。

3) 封闭式负荷开关

封闭式负荷开关的铸铁壳内装有由触刀和夹座组成的触点系统以及熔断器和速断弹簧等，30 A 以上的还装有灭弧罩，其外形及基本结构如图 1-5 所示。封闭式负荷开关可用于不频繁地接通和分断负荷电路，也可用作 15 kW 以下电动机中不频繁启动的控制开关。

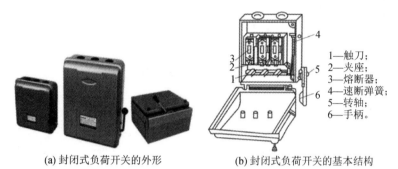

1—触刀;
2—夹座;
3—熔断器;
4—速断弹簧;
5—转轴;
6—手柄

(a) 封闭式负荷开关的外形　　　　(b) 封闭式负荷开关的基本结构

图 1-5　封闭式负荷开关的外形及基本结构

封闭式负荷开关具有操作方便、使用安全、通断性能好的优点。操作时，不得面对它拉闸或合闸，一般用左手握手柄。若要更换熔丝，必须在分闸后进行。

4. 刀开关的型号含义

刀开关的型号包含了刀开关的各种技术参数和特性，具体型号含义如图 1-6 所示。

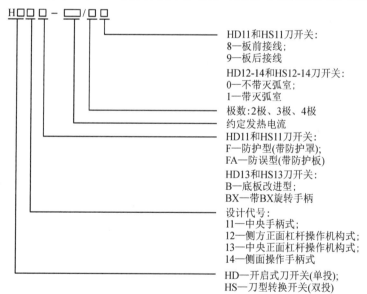

HD□□□ - □/□□

HD11和HS11刀开关:
8—板前接线;
9—板后接线

HD12-14和HS12-14刀开关:
0—不带灭弧室;
1—带灭弧室

极数:2极、3极、4极

约定发热电流

HD11和HS11刀开关:
F—防护型(带防护罩);
FA—防误型(带防护板)

HD13和HS13刀开关:
B—底板改进型;
BX—带BX旋转手柄

设计代号:
11—中央手柄式;
12—侧方正面杠杆操作机构式;
13—中央正面杠杆操作机构式;
14—侧面操作手柄式

HD—开启式刀开关(单投);
HS—刀型转换开关(双投)

图 1-6　刀开关的型号含义

5. 刀开关的选用

刀开关的选用主要是依据电源的额定电压和长期工作电流来考虑的，同时兼顾结构方面的因素。

(1) 选择刀开关的额定电压与额定电流。刀开关的额定电压按电路的额定电压来选择，应等于或大于电路的额定电压。刀开关的额定电流一般应等于或大于所分断电路中各个负载额定电流的总和。对于电动机负载，要考虑其启动电流，所以应选用比额定电流高一级的刀开关。若再考虑电路出现的短路电流，还应选用比额定电流更高一级的刀开关。

(2) 选择刀开关的结构形式。通常根据刀开关的作用和装置的安装方式来选择刀开关的结构形式。例如，只作为电源隔离用的刀开关不需要灭弧装置，有分断负载电流需要的刀开关则需带灭弧装置。

(3) 按短路电流校验刀开关的动稳定性和热稳定性。刀开关的动稳定性和热稳定性是通过校验其动稳定值和热稳定值来保证的，这些稳定值是刀开关在短路电流作用下能够保持稳定运行的最大电流值，超过这个值可能会导致开关损坏。

1.2.2 熔断器

熔断器（俗称保险）是最简单且最常用的一种安全保护器件，其结构简单、体积和质量小、价格低廉，在强电和弱电系统中都得到了广泛应用。

1. 熔断器的结构

熔断器主要由铜圈、熔管、管帽、插座等组成，如图 1-7 所示，其各部分的功能如表 1-3 所示。熔断器的电气符号如图 1-8 所示，文字符号为"FU"。

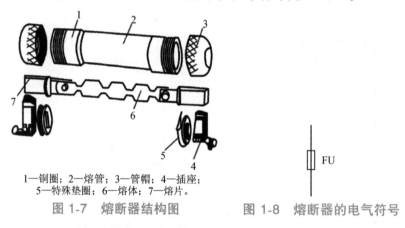

1—铜圈；2—熔管；3—管帽；4—插座；
5—特殊垫圈；6—熔体；7—熔片。

图 1-7　熔断器结构图　　　　　图 1-8　熔断器的电气符号

表 1-3　熔断器各部分的功能

名称	功　　能
熔丝（体）	熔丝是熔断器中最关键的部分，也是熔断器得名的原因，通常由铝、铅、锡等低熔点金属制成。当电路中的电流超过熔断器的额定值时，熔丝就会因过热而熔化，从而切断电路，起到保护作用
熔管	熔管是熔断器的外壳，其材料通常为陶瓷、玻璃纤维等。这些材料具有良好的绝缘性能和耐高温性能，能够保护熔丝不受外界环境的影响
端子（铜圈）	端子用于连接熔断器与电气设备或电路，通常由铜、铝等导电性能较好的金属制成，以确保电流能够正常、顺畅地传输

名称	功　能
熔断器座 （插座）	熔断器座是安装熔断器的固定装置，通常由金属材料制成。它具有良好的导电性能和机械强度，以确保熔断器能够稳定、可靠地安装在电路中
熔片	熔片是熔断器中的一个重要部分，用于保持熔断器的通电状态。当熔丝熔化时，触片会受到电流作用而弹开，从而切断电路

2. 熔断器的工作原理

熔断器使用时应串联在被保护的电路中。在正常情况下，熔断器的熔体相当于一段导线。当电路发生短路或严重过载故障时，电流迅速增大；当电流超过熔体的额定电流时，熔体熔断，切断电路，起到保护线路和电气设备的作用。熔体的熔点一般为 $200\,℃\sim 300\,℃$。熔体的熔断时间 (t) 与额定电流 (I_e) 的关系如表 1-4 所示。

表 1-4　熔体的熔断时间与额定电流的关系

额定电流 (I_e)	$1.25\sim 1.3I_\mathrm{e}$	$1.6I_\mathrm{e}$	$2I_\mathrm{e}$	$3I_\mathrm{e}$	$4I_\mathrm{e}$	$8\sim 10I_\mathrm{e}$
熔断时间 (t)	不会熔化	1 h	40 s	4.5 s	2.5 s	瞬时

3. 熔断器的参数

熔断器的参数主要有额定电压、额定电流、极限分断能力等，其含义如表 1-5 所示。

表 1-5　熔断器的参数及其含义

参　数	含　义
额定电压	熔断器长期工作时所能够耐受的电压，一般等于或大于电气设备的额定电压
额定电流	在长期工作的条件下，熔断器各部件温升不超过规定值、熔体能长期流过而不被熔断的电流
极限分断能力 （分断电流）	当电路出现故障时，熔断器能可靠分断的最大短路电流。当电路通过的电流高于熔断器的极限分断能力时，熔断器熔断时不能可靠地熄灭电弧，这样，熔体虽已熔断，但电弧起到了短接熔断器的作用，容易损坏电气元件，甚至使导线燃烧

4. 熔断器的分类

常见的熔断器有螺旋式熔断器、瓷插式熔断器、无填料密封管式熔断器、有填料密封管式熔断器等。

1) 螺旋式熔断器

螺旋式熔断器的额定电流为 $5\sim 200\,\mathrm{A}$，其主要用于短路电流较大的分支电路或有易燃气体的场所，如控制箱、配电屏、机床设备及振动较大的区域。其结构如图 1-9 所示。螺旋式熔断器的常见类型有 RL1 系列、RL6 系列等，具体参数如表 1-6 所示。

图 1-9　螺旋式熔断器的结构

表 1-6　螺旋式熔断器的常见类型

型号	底座额定电流 /A	配用熔体的额定电流 /A	额定电压 /V	极限分断能力 /kA
RL1-15	15	2，4，5，6，10，15		
RL1-60	60	20，25，30，35，40，50，60	380	50
RL1-100	100	60，80，100		
RL1-200	200	120，150，200		
RL6-25	25	2，4，5，6，10，16，20，25	500	80
RL6-6	63	35，50，63		

2) 瓷插式熔断器

瓷插式熔断器由瓷盖、瓷座、触头及熔丝等核心部件构成，如图 1-10 所示。此熔断器以低廉的价格和便捷的使用特性而广受欢迎，但受限于较弱的分断能力，主要适用于电流较小的应用场景。

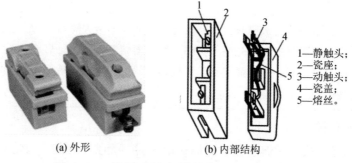

1—静触头；
2—瓷座；
3—动触头；
4—瓷盖；
5—熔丝。

(a) 外形　　　　(b) 内部结构

图 1-10　瓷插式熔断器的外形及内部结构

3) 无填料密封管式熔断器

无填料密封管式熔断器内部装有变截面锌熔片 (见图 1-7)，其宽窄不一的设计旨在提升灭弧性能并便于判断事故类型。该类熔断器结构简单、成本低廉且易于更换熔片，在低压配电装置中得到了广泛应用。图 1-11 为 RM10 型无填料密封管式熔断器实物图。

4) 有填料密封管式熔断器

有填料密封管式熔断器由熔管、熔体、石英砂及底座构成，其分断电流能力强，具备限流效果，保护性能稳定。熔体周围填充石英砂，用于熄灭电弧。熔体熔断后，红色指示器弹出，便于监测。但熔体熔断后不可替换，需整体更换熔管。图 1-12 为 RTO 型有填料密封管式熔断器实物图。

图 1-11　RM10 型无填料密封管式熔断器　　　图 1-12　RTO 型有填料密封管式熔断器

5. 熔断器的型号含义

熔断器型号承载了其核心类型、特定属性、额定电流等关键信息，为用户在特定应用场景下精准选择熔断器提供了便利。图 1-13 详细列示了常用低压熔断器的型号含义。

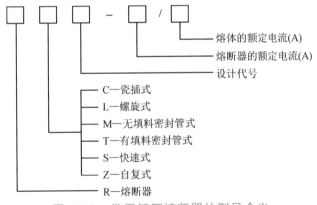

图 1-13　常用低压熔断器的型号含义

6. 熔断器的选用

通常根据电路的工作条件、负载特性、短路电流大小等因素来选择合适的熔断器类型。选用熔断器时应重点考虑额定电压、额定电流、分断能力等参数，以确保电路的安全可靠运行。

(1) 选择熔断器的类型。主要根据负载的情况和电路断路电流的大小来选择熔断器的类型。例如，对于容量较小的照明线路或电动机的保护，宜采用 RC1A 系列瓷插式熔断器或 RM10 系列无填料密封管式熔断器，既能满足保护要求，又能使成本较低；对于短路电流较大的电路或有易燃气体的场合，宜采用具有高分断能力的 RL 系列螺旋式熔断器或 RT(包括 NT) 系列有填料密封管式熔断器；对于保护硅整流器件及晶闸管的场合，应采用快速熔断器。

(2) 选择熔断器的额定电压。熔断器的额定电压应大于或等于电路的额定电压。

(3) 在配电系统中，各级熔断器应相互匹配，一般上一级熔断器的额定电流要比下一级熔断器的额定电流大 2 ～ 3 倍。

(4) 对于保护电动机的熔断器，应注意电动机启动电流的影响，熔断器一般只作为电动机的短路保护，过载保护应采用热继电器。

(5) 熔断器的额定电流应不小于负载的额定电流，额定分断电流应大于电路中可能出现的最大短路电流 (用 I_{FN} 表示熔断器的额定电流)。

对于照明、电炉等电阻性负载：

$$I_{FN} \geqslant I_N$$

式中，I_N 为负载的额定电流。

对于不频繁启动的单台电动机：

$$I_{FN} = (1.5 \sim 2.5) \cdot I_N$$

对于频繁启动的单台电动机：

$$I_{FN} = (2.3 \sim 3.1) \cdot I_N$$

对于多台电动机：

$$I_{FN} = (1.5 \sim 2.5) \cdot I_{Nmax} + \sum I_N$$

式中，I_{Nmax} 为最大的一台电动机的额定电流；$\sum I_N$ 为其余电动机的额定电流的总和。

1.2.3　低压断路器

低压断路器又称自动空气开关，在电气线路中起接通、分断和承载额定工作电流的作用，在线路发生过载、短路、欠压的情况下可以自动切断故障电路，起保护用电设备安全的作用。

1. 低压断路器的结构

低压断路器主要由触头、弹簧、锁键、搭钩、杠杆、过电流脱扣器、欠电压脱扣器和热脱扣器等组成，其中弹簧、锁键、搭钩、杠杆组成自由脱扣机构，如图 1-14 所示。低压断路器的电气符号如图 1-15 所示，文字符号为"QF"。

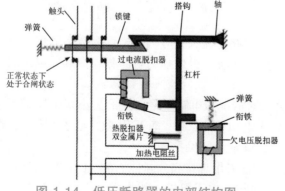

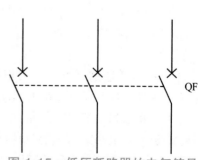

图 1-14　低压断路器的内部结构图　　　　图 1-15　低压断路器的电气符号

2. 低压断路器的工作原理

如图 1-14 所示，当电路发生短路或严重过载时，过电流脱扣器的衔铁被吸合，使自由脱扣器机构动作；当电路过载时，热脱扣器的热元件产生的热量增加，使双金属片向上弯曲，推动自由脱扣器机构动作；当电路欠压时，欠电压脱扣器的衔铁释放，也使自由脱扣器机构动作。自由脱扣器机构动作，断开主触点，切断主电路，分别起短路保护、过载保护和欠压保护的作用。

3. 低压断路器的参数

了解低压断路器的参数，可以合理地匹配电路负载，避免过载或短路等异常情况对电路系统造成的损害，确保低压断路器的正常工作。低压断路器的参数及其含义如表 1-7 所示。

表 1-7　低压断路器的参数及其含义

参数	含义
额定电压	低压断路器能够安全承受的最大电压，通常以伏特 (V) 为单位标示
额定电流	低压断路器能够安全运行的最大电流，通常以安培 (A) 为单位标示
短路分断能力	低压断路器能够安全分断的最大短路电流
动作特性	根据不同的应用要求，低压断路器可以具备不同的动作特性，如过载保护特性、短路保护特性和选择性保护特性等

4. 低压断路器的分类

常见的低压断路器包括装置式低压断路器和塑壳式低压断路器。根据极数的不同，装置式低压断路器可分为单极 (1P)、双极 (2P) 和三极 (3P) 等，如图 1-16 所示。塑壳式低压断路器具备高断电能力和可靠的过载、短路保护功能，适用于中功率负载，在机床电气系统中被广泛应用，如图 1-17 所示。

(a) 单极(1P)

(b) 双极(2P)

(c) 三极(3P)

图 1-16　装置式低压断路器

图 1-17　塑壳式低压断路器

5. 低压断路器的型号含义

装置式低压断路器的型号通常遵循一定的命名规则和格式。这里以塑壳式低压断路器为例，其型号表示方法如图 1-18 所示。

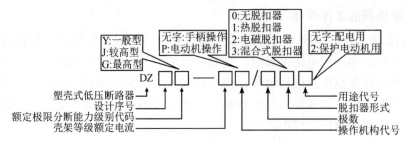

图 1-18　塑壳式低压断路器的型号表示方法

塑壳式低压断路器因生产厂家的不同，其型号表现各异，但共性之处在于均包含关键的电气参数，如极数、额定电压、额定电流以及瞬时脱扣电流等。例如，"DZ20-250/330"代表额定电流为 250 A、极数为 3 极、脱扣器形式为混合式脱扣器、配电用、不带附件的塑壳式低压断路器。

注意：塑壳式低压断路器的极限分断能力和熔断器的极限分断能力是相同的概念，当短路电流超过该值时，断路器会失去分断能力，也就不具备保护能力了。极限分断能力一般也标在断路器的铭牌上。

6. 低压断路器的安装与操作

安装与操作低压断路器时，应遵循以下注意事项：

(1) 正确选择断路器的额定电流和额定电压，以满足负载要求和系统要求。

(2) 正确设置断路器的过载保护和短路保护参数，确保断路器能够及时触发跳闸，以保护电路和设备。

(3) 定期检查和维护断路器，确保其正常工作，如清洁触头、检查触头紧固度和弹簧张力等。

(4) 在操作断路器时，应按照正确的操作顺序和方法进行，如先关闭断路器，再打开断路器，以避免电弧和触电风险。

1.2.4　漏电保护器

漏电保护器是为防止低压电网中人身触电或因漏电造成火灾等事故而研制的。它对电气设备的漏电电流极为敏感。当人体接触漏电的用电器时，产生的漏电电流只要达到 10 ~ 30 mA，就能使漏电保护器在极短的时间 (如 0.1 s) 内跳闸，从而切断电源。

1. 漏电保护器的结构

漏电保护器主要由检测元件、中间放大环节和执行机构等组成。检测元件是漏电保护器的核心部分，通常由零序电流互感器构成。零序电流互感器能够精准地检测电路中的漏电电流，一旦检测到漏电电流超过预设的安全阈值，便会立即发出信号。中间放大环节是漏电保护器的重要组成部分，负责将检测元件发出的微弱漏电信号进行放大，以便后续的执行机构能够准确、快速地响应。根据装置的不同，中间放大环节部件可以采用机械装置或电子装置，构成电磁式保护器或电子式保护器。执行机构是漏电保护器的跳闸部件。一旦接收到中间放大环节发出的信号，执行机构便会迅速动作，将主开关从闭合位置转换到断开位置，从而切断电源，使被保护电路脱离电网。

漏电保护器通常包括零序电流互感器、电子放大器、漏电脱扣器 (含脱扣线圈、脱扣机构)、试验检查部分 (含实验按钮和内置电阻) 以及主开关装置等关键部件，如 1-19 所示。

漏电保护器的接线是将各相串联进入电路的，上面为进线，下面为出线。安装时要正向安装。合闸时应是向上推动，严禁倒装或水平安装。漏电保护器通常有两个按钮：一个是复位按钮，标注英文字母"R"，在漏电保护器动作后按下，可使其继续工作，不会影响下一次的动作；另一个是测试按钮，标注英文字母"T"，在通电的情况下，验证漏电保护器是否能够正常工作。漏电保护器的电气符号如图 1-20 所示。

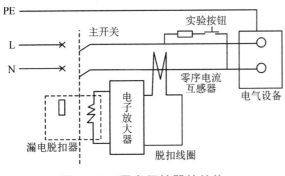

图 1-19 漏电保护器的结构

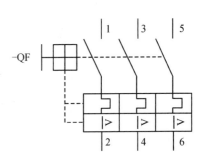

图 1-20 漏电保护器的电气符号

2. 漏电保护器的工作原理

漏电保护器的工作原理如图 1-21 所示。当被保护电路、设备出现漏电故障或有人触电时，有部分相线电流经过人体或设备直接流入地线而不经中性线返回，此电流称为漏电电流 (或剩余电流)。它由漏电电流检测电路取样后进行放大，当其值达到漏电保护器的预设值时，将驱动控制电路开关动作，迅速断开被保护电路的供电，从而达到防止漏电或触电事故发生的目的。若电路无漏电或当漏电电流小于预设值时，电路的控制开关将不动作，即漏电保护器不动作，系统正常供电。

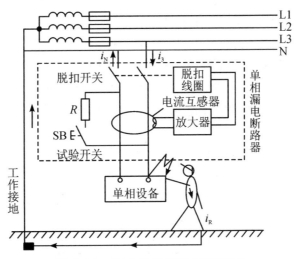

图 1-21 漏电保护器的工作原理

3. 漏电保护器的参数

漏电保护器的参数有额定漏电动作电流、额定漏电动作时间等，其含义如表 1-8 所示。

表 1-8　漏电保护器的参数及其含义

参　数	含　义
额定漏电动作电流	在规定的条件下，使漏电保护器动作的电流值。例如，对于额定漏电动作电流为 30 mA 的漏电保护器，当通入电流达到 30 mA 时，该漏电保护器即动作，断开电源
额定漏电不动作电流	在规定的条件下，漏电保护器不动作的电流值，一般选漏电动作电流值的二分之一。例如，对于额定漏电动作电流为 30 mA 的漏电保护器，在电流值达到 15 mA 以下时，该漏电保护器不应动作，否则因灵敏度太高而导致误动作，进而影响用电设备的正常运行
额定工作电压	漏电保护器所适用的额定电压范围。漏电保护器的工作电压要适应电网正常波动范围额定电压，若波动太大，会影响漏电保护器正常工作，尤其是电子产品，电源电压低于漏电保护器额定工作电压时会拒动作
额定漏电动作时间	从突然施加额定漏电动作电流起到保护电路被切断为止的时间。例如，对于 30 mA×1 s 的漏电保护器，从电流值达到 30 mA 起到主触头分离止的时间不超过 1 s
额定工作电流	漏电保护器所能承受的回路中最大电流值。若实际工作电流大于漏电保护器的额定工作电流时，会造成过载或使保护器误动作

4. 漏电保护器的分类

漏电保护器分类的意义在于明确不同产品的功能、结构、工作原理等特性，方便用户根据实际需求选择合适的保护器。漏电保护器的分类如表 1-9 所示。

表 1-9　漏电保护器的分类

类型	功　能
电磁式	电磁式漏电保护器只采用电磁机构，输出信号直接作用于脱扣器，使其掉闸断电。电磁式漏电保护器构造简单、抗干扰能力强、抗雷电等引起的过电压能力强，但对零序电流互感器和脱扣器的加工要求高、成本高、灵敏度较低
电子式	电子式漏电保护器同时采用电磁机构和电子电路，对输出信号经放大、蓄能等环节处理后使脱扣器动作掉闸。电子式漏电保护器价格低、性能较好，我国普遍采用电子式漏电保护器
瞬时式	瞬时式漏电保护器检测到漏电信号后能立刻动作，动作时间在 0.1 s 以内，用于终端保护场合，如施工现场的开关箱、家庭配电箱等
延迟式	延迟式漏电保护器检测到漏电信号后延迟一定时间再动作，其延迟动作时间有 0.2 s、0.4 s、0.8 s、1.0 s、1.5 s、2 s。新型漏电保护器的延迟动作时间无级可调，用于分级保护场合，如施工现场的总配电箱、楼宇的总配电箱等

5. 漏电保护器的型号含义

漏电保护器的型号通常由数个字母和数字组成，代表产品的不同特性和参数，其具体表示方法如图 1-22 所示。

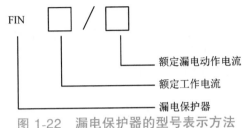

图 1-22　漏电保护器的型号表示方法

6. 漏电保护器的选用

选择漏电保护器时，必须综合考虑其规格、性能以及应用场景，确保所选漏电保护器既能满足实际负荷需求，又能有效防止漏电事故发生。

(1) 对于大型公共场所和高层建筑，由于火灾风险较高，因此应选用漏电动作电流小于 500 mA 的漏电保护器。这类保护器在检测到漏电时，仅发出声光报警而不自动切断主供电电路，以便及时采取应对措施。

(2) 在家庭供电线路中，漏电保护器的主要目的是保护人身安全、防止触电事故发生，因此应选用额定工作电压为 220 V、额定工作电流为 6 A 或 10 A(根据家庭用电负荷情况，如安装有空调、电热淋浴器等大功率电器时，应相应提高一至二个级别) 的漏电保护器。此外，漏电动作电流应小于 30 mA，动作时间应小于 0.1 s，以确保在发生漏电时能够及时切断电源，保护人身安全。

1.2.5　电能表

电能表也称电度表，作为测量电能的设备，用来测量某一段时间内电源提供的电能或负载消耗的电能，计量单位为千瓦·时 (kW·h)。

1. 电能表的结构

目前，我国广泛使用的电能表大多数属于感应型电能表，主要由电流元件、永久磁铁、转轴、电压元件、蜗轮蜗杆传动机构和铝制圆盘等部分组成，如图 1-23 所示。电流元件的线圈（简称电流线圈）导线粗、匝数少；电压元件的线圈（简称电压线圈）导线细、匝数多。电能表的电气符号如图 1-24 所示。

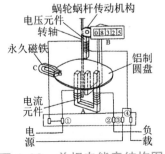

图 1-23　单相电能表结构图

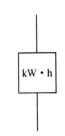

图 1-24　电能表的电气符号

2. 电能表的工作原理

电能表的工作原理基于电磁感应和机械转动的结合。当电能表接入交流电路时，其内部的电压线圈和电流线圈便开始发挥作用。

(1) 电磁感应与转动力矩。电压线圈和电流线圈在交流电路的作用下会产生交变的磁通，这种交变的磁通在电能表的内部结构中与铝制圆盘相互作用，形成了一种称为"转动力矩"的力。这种力使得铝制圆盘开始转动，从而启动了电能表的测量过程。

(2) 转动元件与传动装置。电能表的转动元件主要由铝制圆盘和转轴组成。铝制圆盘是转动的主体，而转轴则起到支撑和传动的作用。转轴上装有蜗杆，通过蜗杆与蜗轮、齿轮等传动装置的配合，可以将铝制圆盘的转动转化为"字轮"的转动。这种传动装置保证了电能表读数的准确性和稳定性。

(3) 制动元件与负载功率。在电能表中，制动元件起到了关键作用，它由永久磁铁和铝制圆盘等部分组成。铝制圆盘转动时会与永久磁铁产生相互作用，从而产生制动力矩。这种制动力矩的大小与负载的功率成正比，也就是说，当负载功率增大时，制动力矩也会相应增大，从而使得铝制圆盘的转速与负载功率的大小成正比。这样，电能表就能够准确地反映出负载所消耗的电能。

(4) 计算机构与读数显示。电能表的计算机构负责计算铝制圆盘的转数，并通过传动装置将转数转化为"字轮"的转动。这样，我们就可以从电能表的面板上直接读取到所消耗的电能数据。这种读数方式既直观又方便，使得电能表的使用更加便捷和高效。

3. 电能表的参数

电能表的性能和技术特性通过电压、电流、基本误差等参数来体现，其参数含义如表 1-10 所示。

表 1-10　电能表的参数及其含义

参数	含　义
电压	表示适用电源的电压。我国低压工作电路的单相电压是 220 V，三相电压是 380 V。标定 220 V 的电能表适用于单相普通照明电路；标定 380 V 的电能表适用于使用三相电源的工农业生产电路
电流	一般电能表的电流参数有两个，如 10(20)A，一个是反映测量精度和启动电流指标的标定电流 I_b (10 A)，另一个是表示在满足测量标准要求情况下允许通过的最大电流 I_{max}(20 A)。如果电路中的电流超过允许通过的额定最大电流 I_{max}，那么电能表会计数不准，甚至会损坏
基本误差	电能表在额定电压、额定电流和额定功率因数下，其计量结果与实际值之间的偏差。这一参数反映了电能表的计量精度，是评价其性能的重要指标之一
启动电流	能使电能表铝制圆盘开始连续转动的最小负载电流。这一参数反映了电能表对微小电流的灵敏度，对于需要精确计量微小电流的应用场景尤为重要

参数	含　义
仪表常数	电能表铝制圆盘每转一圈所代表的电能值
最大需量	电能表在一段时间内 (如 15 min 或 30 min) 所记录的最大平均功率值。这一参数反映了负载的用电特性，对于电力系统的调度和管理具有重要意义
频率范围	电能表能够正常工作的电网频率范围。一般来说，电能表的频率范围应与其所在电力系统频率相匹配，以保证计量的准确性和稳定性
耗电计量参数	不同的电能表，表达方式不同：转盘式感应型电能表的计量参数标准的是 xxx r/(kW·h)，其含义是用电器每消耗 1 kW·h 的电能，电能表的铝制圆盘要转过 xxx 转；电子式电能表的计量参数标注的是 xxx imp/(kW·h)，表示用电器每消耗 1 kW·h 的电能，电能表脉冲计数产生 xxx 个脉冲

4. 电能表的分类

电能表可按使用的电路、工作原理、结构、用途和准确度等级等进行分类，具体分类如表 1-11 所示。

表 1-11　电能表的分类

分类方式	电能表类型
按使用的电路分	可分为直流电能表和交流电能表。交流电能表按相线的不同又可分为单相电能表、三相三线电能表和三相四线电能表
按工作原理分	可分为电气机械式电能表和电子式电能表 (又称静止式电能表、固态式电能表)。电气机械式电能表用于交流电路，作为普通的电能测量仪表，其中常用的是感应型电能表；电子式电能表可分为全电子式电能表和机电式电能表
按结构分	可分为整体式电能表和分体式电能表
按用途分	可分为有功电能表、无功电能表、标准电能表、复费率分时电能表、预付费电能表、损耗电能表和多功能电能表等
按准确度等级分	可分为普通安装式电能表 (0.2 级、0.5 级、1.0 级、2.0 级、3.0 级) 和携带式精密级电能表 (0.01 级、0.02 级、0.05 级、0.1 级、0.2 级)

5. 电能表的铭牌

普通电能表铭牌如图 1-25 所示，该电能表的工作电压为 220 V，工作频率为 50 Hz，电表常数为 1920 r/(kW·h)，标定电流为 2.5 A，额定最大电流为 10 A。标定电流是指电能表能在长时间内正常运行的基本电流，它是确定电能表有关特性的参数，以 I_b 表示。额定最大电流是指电能表能满足其制造标准规定的准确度的最大电流值，以 I_{max} 表示。

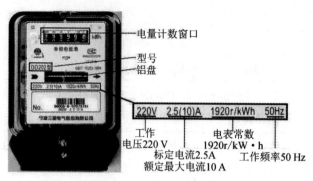

图 1-25　电能表铭牌

6. 电能表的选用

在家庭照明电路设计中，应选用准确度高、误差小的电能表。

(1) 在电压不超过 500 V、电流不超过 50 A 的情况下，电能表可以直接接入电路进行测量。对于直接接入电路的电能表，应根据负载电压和电流来选择，即电能表的额定电压和额定电流等于或稍大于负载的电压和电流。

(2) 当现有电能表的额定电流小于电路中的大电流时，应使用一定电流比的电流互感器，将大电流变为小于 5 A 的小电流后再接入 5 A 电能表。计算耗电电能时，5 A 电能表的耗电度数乘所选用的电流互感器的电流比，即为实际耗用的电能度数。

(3) 一般应使所选用的电能表总功率为实际用电总功率的 1.25 ～ 4 倍。在选电能表的容量前，应先进行计算。

(4) 用户根据负荷电流的大小来选用电能表，用电负荷的上限应不超过电能表的额定容量，用电负荷的下限应不低于电能表允许误差规定的负荷电流值。例如，虽然 2.5(10) A 和 5(10) A 的电能表的最大允许使用电流是一样的，但是轻负载时 2.5(10) A 的电能表计量更准确。

1.2.6　室内配电电器

室内开关、室内插座及室内配电箱是室内供配电系统的重要组成部分。

1. 室内开关

开关对电路的接通和断开起控制作用。家庭照明电路常用开关的触点类型主要有单极触点、单刀双掷触点和双刀双掷触点，如图 1-26 所示。如果开关面板上只有单一按键，且开关内部触点是单极触点，则该开关称为一开单控开关；若开关内部触点是单刀双掷触点，则该开关称为一开双控开关；若开关内部触点是双刀双掷触点，则该开关称为一开多控开关，如图 1-27 所示。名称中的"开"代表了面板上按键的数量。对于 86 型面板，最多可容纳 4 个按键，即最多是四开；对于 118 型面板，最多可容纳 8 个按键，即最多是八开，如图 1-28 所示。名称中的"控"代表开关触点类型。例如某面板上设计有 2 个按键，每个按键的触点形式都为单极触点，那么该开关称为双开单控开关，如图 1-29 所示。

为便于接线和维修时检查，开关在安装时应接在相线上，来自电源和接通负载的两条导线可选用不同的颜色 (注意与零线、保护接地线区别)。如图 1-27 中，"L"为触点进线；L1、L2 等为触点出线。

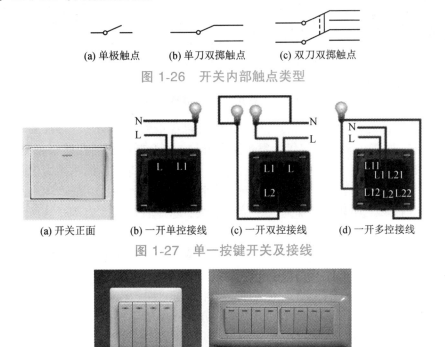

(a) 单极触点　　(b) 单刀双掷触点　　(c) 双刀双掷触点

图 1-26　开关内部触点类型

(a) 开关正面　　(b) 一开单控接线　　(c) 一开双控接线　　(d) 一开多控接线

图 1-27　单一按键开关及接线

(a) 86型　　　　　(b) 118型

图 1-28　开关面板

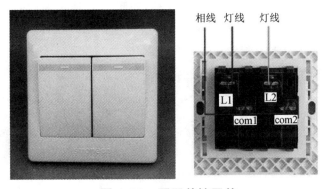

图 1-29　双开单控开关

对于各种不同类型的开关，距地面安装时的高度有不同的要求：一般翘板式、按键式或扳把式开关距地面高应为 1.3 m；拉线开关距地面高应为 2 ～ 3 m，如果房屋较低，则取距屋顶棚 0.25 ～ 0.3 m。

2. 室内插座

室内插座根据功能的不同可分为普通插座、安全插座和防潮插座等，根据外形的不同可分为三孔插座、五孔插座等，如图 1-30 所示。

(a) 防潮插座　　　　(b) 三孔插座　　　　(c) 三孔多用插座　　　　(d) 五孔插座

图 1-30　常用的室内插座实物图

　　普通插座在插孔处没有安全隔离片，肉眼可以观察到内部铜片，一般要求安装在墙壁 1.8 m 以上，以防止家中未成年人发生触电危险。安全插座在插孔处加装安全隔离片，使用者无法直接与插座中的导电部分接触，只有插头的插脚可以以机械力推开隔离片，这样可以防止触电事故发生。防潮插座一般安装于卫生间等潮湿、易产生水汽的场所，通常在插座面板之上加装防潮护盖，以防止水汽、水滴直接溅入内部，从而引起触电或损坏用电器。

　　在选用或安装室内插座时，主要考虑插座的基本功能和额定电流两个问题。1800 W以下的用电器一般选用 10 A 的插座；3000 W 以下的用电器 (如空调、电热水器、某些电热式厨房电器等) 一般选用 16 A 的插座。10 A 插座的插孔较细，16 A 插座的插孔较粗，大功率用电器只能选用 16 A 的插座，这样可防止使用者不根据承载电流而随意使用插座的情况。一般三孔插座后部有三个接线桩，分别是相线、中性线和保护接地线，标示有相应的英文字母或图形，使用者可以直接进行线路的连接。

　　在室内布线中，开关与插座通常采用暗装，即开关或插座紧贴墙壁，后部结构及接线全部隐藏在暗盒内部。暗盒也称接线盒，直接安装于墙体内。其制作材料有 PVC 和金属材质，形状有正方形、长方形和八角形几种，如图 1-31 所示。接线盒除材质和形状外，也具有一定标准的尺寸，并与开关或插座的标准尺寸相互对应。

(a) 金属材质正方形　　　　　(b) PVC材质长方形　　　　　(c) PVC材质八角形

图 1-31　接线盒

3. 室内配电箱

　　室内配电箱是连接电源与用电设备的中间装置。室内配电箱的外形及内部组成如图 1-32、图 1-33 所示。

　　室内配电箱的材质一般是金属的，前面的面板有塑料的，也有金属的。室内配电箱的规格要根据里面的分路而定。选择室内配电箱之前，要先设计好电路分路，再根据空开的数量以及是单开还是双开确定出室内配电箱的规格型号。一般室内配电箱应预留出

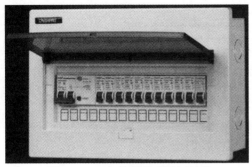

| 图 1-32 室内配电箱的外形 | 图 1-33 室内配电箱的内部组成 |

充足的内部空间，以便改造扩容用。

常见室内配电箱的入户电源总闸一般设置为双极断路器，以便出现电路故障时能同时断掉相线和中性线，后续其他支路一般配置为单相断路器。插座、厨房、卫生间等特殊地点易发生触电事故，这些支路需配置漏电保护功能的断路器；出现人员触电或者设备漏电时，漏电保护器能跳闸保护。

断路器和漏电保护器通过安装导轨并排整齐地安装在配电箱内。室内配电箱除断路器组合外，还安装有零线端子排和地线端子排。端子排上的每个接线桩通过导体实现短接，这样可以增加配电箱中零线、地线的接线桩数量，避免将多条导线集中接入一个接线桩上，从而确保了用电安全。配电箱的顶部和底部都设计有穿线管口，以便将各处和各功能导线通过管口整齐地送至用电负荷处。

 1.3 室内电气线路设计

本节重点阐述家庭典型配电方案和室内布线工艺等内容。

 1.3.1 室内配电方案

1. 室内电气线路的结构形式

室内电气线路主要包括照明电路、家用电器电路 (空调、电热水器等) 等。早期家庭电器较少，负荷功率小，室内电气线路一般采用 2.5 mm² 铝芯线，一条主回路的结构形式，使用一组闸刀开关加熔丝作为电源控制和保护元件，如图 1-34 所示。这种电路结构简单，所有电器都接在主电路中。

随着人们生活水平的提高，越来越多的大功率电器投入使用。当使用大功率电器时，如果将所有电器都接在一个主回路中，则会造成电压降低，影响其他电器正常使用。现代建筑供电系统中，每一户室内电气线路从配电箱中分出多个回路，如图 1-35 所示。每一条回路单独供电，都按照设计容量配置导线和低压电器，这样各回路分别供电，电器在使用过程中互不干扰，保护功能较为完善，从而确保了用电安全。

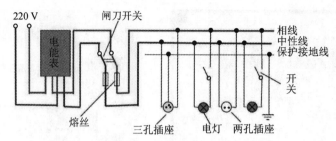

图 1-34　早期室内电气线路的结构形式

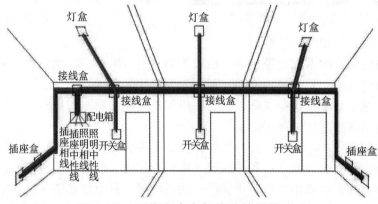

图 1-35　现代室内电气线路的结构形式

2. 家庭典型配电方案

现代建筑供电系统中，一室一厅配电方案如图 1-36 所示，有照明回路、空调回路和插座回路。QS 为闸刀开关，有明显的断开间隙，为维修人员提供了安全保障。QF1 ～ QF3 为双极低压断路器，其中 QF2、QF3 具有漏电保护功能。对于空调回路，如果使用的是壁挂式空调器，则因人不易接触空调器而不必采用带漏电保护功能的低压断路器；如果使用的是柜式空调器，则必须采用带漏电保护功能的低压断路器。

为了防止其他家用电器用电时影响电脑的正常工作，可以把图 1-36(a) 中的插座回路再分成家用电器供电插座回路和电脑供电插座回路，如图 1-36(b) 所示。

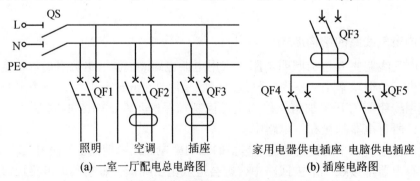

图 1-36　一室一厅配电方案

两室一厅配电方案如图 1-37 所示。两室一厅一般有厨房、卫生间，其卧室、客厅要求（或预留）安装空调。通常，卧室安装壁挂式空调器，客厅安装柜式空调器，柜式空调器回路应具有漏电保护功能。插座回路要分厨房与卫生间（洗衣机用）一路，电脑与电视一路。对于照明回路，可以设计为两个。这样做虽然增加了成本，但是可以确保在一个照明回路发生故障时，另一个照明回路仍能正常工作，从而保障了家庭的照明需求不受影响。此外，这种设计也有利于电工检修。

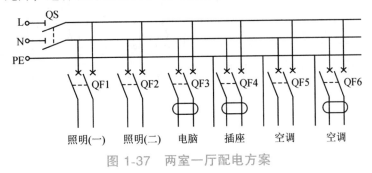

图 1-37　两室一厅配电方案

3. 室内照明控制电路

一个开关控制一盏灯的电路是室内照明中最常见、最基本的电路形式，如图 1-38 所示。其结构简单、安装方便，通过控制开关的通断，即可轻松实现照明灯的点亮和熄灭。在实际应用中，应注意安装位置和接线方式的安全性和便捷性。这里重点强调：控制开关必须串联在相线中，以避免维修人员在灯具维修中发生触电危险。

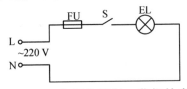

图 1-38　一个开关控制一盏灯的电路

两个双联开关在两地控制一盏灯的电路在楼梯或走廊的照明线路中比较常见。在这种控制电路中，相线 L 的连线路径是控制电路的连接重点。相线首先连接于双联开关 S1 的动触头固定端，再从另一个双联开关 S2 的动触头固定端连接到灯座中心簧片的接线柱上，中性线 N 直接与灯座带螺纹的接线柱相连接，如图 1-39 所示。

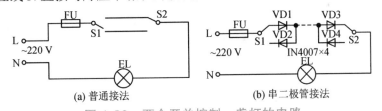

(a) 普通接法　　　　　　　　(b) 串二极管接法

图 1-39　两个开关控制一盏灯的电路

室内照明控制电路还有一个开关控制多盏灯的电路和多个开关控制一盏灯的电路等多种方式，如图 1-40、图 1-41 所示。

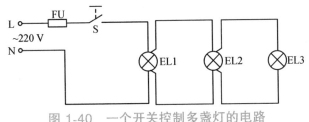

图 1-40　一个开关控制多盏灯的电路

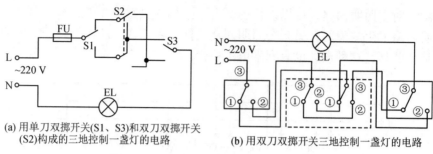

(a) 用单刀双掷开关(S1、S3)和双刀双掷开关
(S2)构成的三地控制一盏灯的电路

(b) 用双刀双掷开关三地控制一盏灯的电路

图 1-41　多个开关控制一盏灯的电路

1.3.2　室内布线技术

室内布线是指在建筑物内进行的线路配置工作，可以为各种电器设备提供供电服务。室内布线应坚持安全、便利、经济、美观的基本原则，需要优先考虑供电与今后运行的可靠性。

1. 绝缘导线

室内常用导线主要为绝缘导线。其按绝缘材料分为塑料绝缘导线和橡胶绝缘导线，常用类型有 BV 线、BVR 线、BVV 线等；按线芯材料分为铜芯绝缘导线和铝芯绝缘导线；按线芯构造分为单芯绝缘导线和多芯绝缘导线。常用绝缘导线的型号、名称及主要用途如表 1-12 所示。室内布线的 BV 线为单股线，BVR 线为多股线；BVR 线比较软，不易变形和折断；同等截面积的 BVR 线比 BV 线在价格上贵一些。BVV 线与 BV 线、BVR 线的主要区别在于铜芯外面有两层绝缘材料。

表 1-12　常用绝缘导线的型号、名称及主要用途

型号		名　称	主要用途
铜芯线	铝芯线		
BX	BLX	棉线编织橡胶绝缘导线	固定敷设，可以明线敷设，也可以暗线敷设
BXF	BLXF	氯丁橡胶绝缘导线	固定敷设，可以明线敷设，也可以暗线敷设，尤其适用于室外
BXHF	BLXHF	橡胶绝缘氯丁橡胶护套导线	固定敷设，适用于干燥或潮湿的场所
BV	BLV	聚氯乙烯绝缘导线	室内、室外固定敷设
BVV	BLVV	聚氯乙烯绝缘护套线	室内、室外固定敷设
BVR		聚氯乙烯绝缘软导线	同 BV 型，安装要求较柔软时用
RV		聚氯乙烯绝缘超软导线	交流额定电压 250 V 以下家用电器，如照明灯头接线等
RVB		聚氯乙烯绝缘平型软导线	
RVS		聚氯乙烯绝缘绞型软导线	

室内常用导线截面规格一般为 1 mm²、1.5 mm²、2.5 mm²、4 mm²、6 mm² 和 10 mm²。家庭总进线的额定电流一般应大于或等于 40 A，入户干线宜选用 10 mm² 的 BV 线；照明线路宜选用 2.5 mm² 的 BV 线；插座线路宜选用 4 mm² 的 BV 线；空调、热水器等大功率电器用电线路宜选用 6 mm² 的 BV 线。室内用电负荷的确定必须要有"超前"意识，当家庭用电设备增加时，可能会出现因电路过载而导致的电线过热、短路、断路等电气问题，从而增加火灾、触电等安全风险。家庭各主线回路导线截面积和额定电流推荐值如表 1-13 所示。

表 1-13　家庭各主线回路导线截面积和额定电流

电路名称	照明	厨房	卫生间	一般家用电器	空调
BV 线截面积 /mm²	≥ 1.5	≥ 4	≥ 4	≥ 2.5	≥ 25
额定电流 /A	≥ 16	≥ 25	≥ 25	≥ 16	≥ 25

2. 室内布线要求

室内布线要在保证供电运行可靠、安全的前提下，力求线路布置合理、整齐、安装牢固。主要布线要求如下：

(1) 布线时导线的额定电压应大于线路的工作电压，导线绝缘应符合线路安装方式和敷设环境的要求，截面应满足供电的要求和机械强度，导线敷设的位置应便于检查和修理，且导线连接和分支处应不受机械力的作用。

(2) 应尽量减少线路的接头；穿管导线和槽板配线中间不允许有接头，必要时可采用增加接线盒的方法；导线与电路端子的连接要紧密压实，以减小接触电阻和防止接头脱落。

(3) 明线敷设要保持水平和垂直；敷设时，水平导线距地面不少于 2.5 m，垂直导线距地面不少于 1.8 m，如图 1-42 所示。如果达不到上述要求，则需增加保护措施，防止人为碰撞等机械损伤。

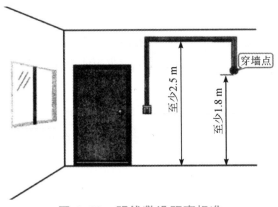

图 1-42　明线敷设距离标准

(4) 导线穿越墙体时应加装保护管 (瓷管、塑料管或钢管)。保护管伸出墙面的长度不应小于 10 mm，其结构如图 1-43 所示。

(5) 为防止漏电，线路的对地电阻应不小于 0.5 MΩ。

(6) 明线相互交叉时，应在每根导线上加套绝缘管，并将绝缘管固定在导线上。

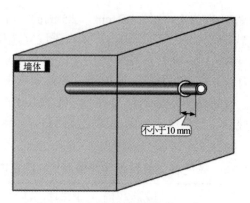

图 1-43　导线穿越墙体示意

(7) 线路应避开热源和发热物体，如烟囱、暖气管、蒸汽管等。若必须通过，则导线周围温度不得超过 35℃。若线路与热源和发热物体并行，则当导线管敷设在热水管下方时，二者之间的距离应大于 20 cm，在上方时应大于 30 cm；当导线管敷设在蒸汽管下方时，二者之间的距离应大于 50 cm，在上方时应大于 100 cm，并做隔热处理，线路躲避发热体的规定距离，如图 1-44 所示。

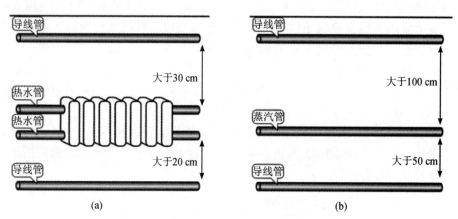

图 1-44　线路躲避发热体的规定距离

(8) 导线在连接和分支处不应受机械应力的作用，并应尽量减少接头。导线与电器端子连接时要牢靠、压实。

3. 室内布线工艺

室内布线工艺不仅有助于提升公众对家庭电气安全的认识，还能在实际操作中确保家庭用电的安全性和稳定性。

1) 线路敷设

通常室内布线分为明敷和暗敷。明敷时直接使用绝缘导线沿墙壁、天花板布设 (如图 1-45 所示)，利用线卡、线槽、夹板等器具来固定 (如图 1-46 所示)。明敷在布线出现问题时比较容易检修。

一般民用住宅大多采用暗敷 (也称线管布线)，即将绝缘导线穿入线管内，埋入墙体、地板下或天花板中，如图 1-47 所示。

图 1-45　明敷布线的应用场景

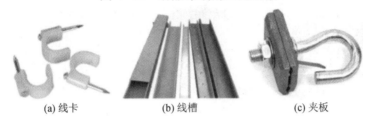

(a) 线卡　　　　　　　　(b) 线槽　　　　　　　　(c) 夹板

图 1-46　明敷布线的固定器具

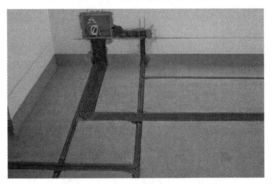

图 1-47　暗敷布线的应用场景

　　暗敷布线方式使得室内空间整洁、美观，但当线路发生故障时，其维修过程相对复杂。因此，在采用暗敷布线时，必须格外重视所选导线的质量。导线应具备足够的机械强度和电流承受余量，以确保其在使用过程中的稳定性和安全性。

　　在线管的选择上，应优先考虑线管的材质，其中 PVC 线管因其优良的绝缘性能和耐腐蚀性而被广泛使用。线管直径的确定应基于导线的截面积和根数，穿过线管的导线总截面积（包括绝缘层）应不超过线管内径的 40 %，保证导线在线管内有足够的空间，避免过热和损坏。

　　此外，当仅有两根绝缘导线穿于同一根线管时，线管的内径不应小于两根导线外径之和的 1.35 倍（立管可取 1.25 倍）。这一规定旨在防止线管在弯曲或安装时产生过度挤压，进而损坏导线或影响其性能。布管前，若铺管长度大于 15 m，则应增设过路盒，使穿线顺利通过，如图 1-48 所示。过路盒中的导线一般不断头，起过渡作用。

　　线管在拐弯时，不要以直角拐弯，要适当增加转弯半径（如图 1-49 所示），否则管子很容易发生扁瘪的情况，导致处于内部的导线受到一个较大的弯折力。直角拐弯时还可使用过路盒、各式接头进行过渡，如图 1-50 所示。

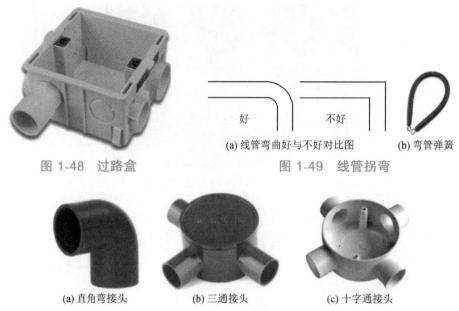

图 1-48　过路盒

(a) 线管弯曲好与不好对比图　　(b) 弯管弹簧

图 1-49　线管拐弯

(a) 直角弯接头　　　　(b) 三通接头　　　　(c) 十字通接头

图 1-50　PVC 线管各式接头

2) 配电箱设计

室内配电箱设计必须根据施工现场的具体状况与条件进行详细的规划和考量。基于电路的负载需求、用电设备的分布以及预期的电流容量等因素进行精确计算，明确所需安装的低压断路器的数量及是否配置漏电保护装置等。典型家庭室内配电箱设计如图 1-51 所示。

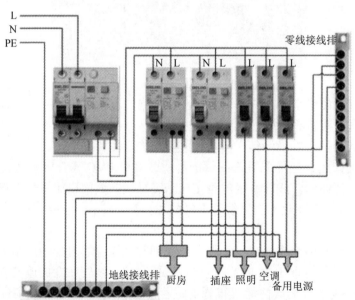

图 1-51　室内配电箱接线示意图

(1) 在设计室内配电系统时，应根据室内面积和用电设备的分布，合理规划插座回路的低压断路器配置。例如，可将客厅与餐厅的插座回路合并为一个低压断路器控制，而几个卧室的插座回路则使用另一个低压断路器控制。为了确保用电安全，推荐选用带有漏电保护功能的断路器。对于导线规格，插座回路建议采用截面积为 4 mm² 的导线。

(2) 对于厨房和卫生间等大功率用电设备集中的区域，应单独设置回路，并选用带有漏电保护功能的断路器，以防止因漏电造成的安全事故。同样，这些区域的导线也应选择截面积为 4 mm² 的规格，以确保足够的电流承载能力。

(3) 空调设备应单独布置回路，并采用截面积为 6 mm² 的导线，以满足其大电流需求。对于挂壁式空调，由于其功率相对较低，因此可根据实际情况选择是否使用漏电保护器。对于热水器，建议单独布置回路，并使用带有漏电保护功能的断路器，以确保使用安全；导线规格也应选择截面积为 6 mm² 的导线。

(4) 照明回路在设计中通常无须安装漏电保护器，但应根据实际用电需求和现场条件确定所需单极低压断路器的数量。对于导线规格，照明回路建议使用截面积为 2.5 mm² 的导线，以满足基本照明需求。

1.4　室内照明图纸识读

室内照明图纸是电气图纸中相对简单且常见的类型，通过学习它，初学者可以建立起对电气工程图纸的基本认识和理解能力。

1.4.1　照明用电气符号

在电气工程领域中，电气符号作为信息传递的重要工具，其种类丰富且功能各异。部分室内用插座、照明开关、按钮的图形符号如表 1-14 所示。灯具的图形符号如表 1-15 所示。

表 1-14　插座、照明开关、按钮的图形符号

图形	名　称	图形	名　称
	单个（电源）插座	形式一　形式二	三联（电源）插座
	带单极开关的（电源）插座		带保护极的单极开关（电源）插座
	带联锁开关的（电源）插座		带隔离变压器的（电源）插座
	单联单控开关		不同类型开关，"★"根据需要用文字标注。例如，EX 表示防爆开关；EN 表示密闭开关；C 表示暗装开关
	双联单控开关		三联单控开关

图形	名　称	图形	名　称
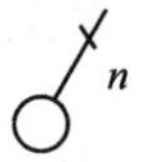	*n* 联单控开关，*n*>3		带指示灯的单联单控开关
	带指示灯的双联单控开关		带指示灯的三联单控开关
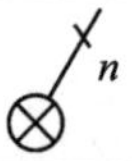	带指示灯的 *n* 联单控开关，*n*>3		单极限时开关
	双极开关	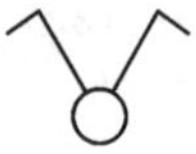	多位单极开关
	双控单极开关	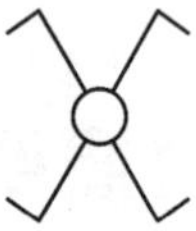	中间开关
	调光器		单极拉线开关
	风机盘管三速开关		按钮

表 1-15　灯具的图形符号（部分）

图形	名称	图形	名称
	灯	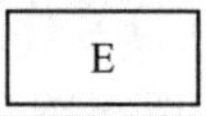 E	应急疏散指示标志灯
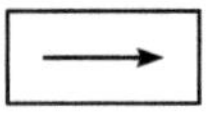 →	应急疏散指示标志灯（向右）	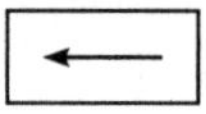 ←	应急疏散指示标志灯（向左）
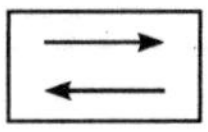 ⇄	应急疏散指示标志灯（向左，向右）		专用电路上的应急照明灯

1.4.2　照明用标注方法

在电气图纸中，照明及动力设备除了通过图形符号进行直观表示外，还需要在图形符号旁边附加详细的文字说明。这些文字说明用来阐述设备的性能参数、工作特点及其他相关信息，为图纸的阅读者提供更加全面的设备描述。通过图形符号与文字说明的有机结合，图纸的可读性和理解度得到显著提升，有助于技术人员准确把握电气图纸的设计意图。

1. 用电设备的标注

用电设备常见的标注内容及方式：

$$\frac{a}{b}$$

或

$$\frac{a}{b} + \frac{c}{d}$$

其中，a 为设备编号；b 为额定功率 (kW)；c 为线路首端熔断器或断路器整定电流 (A)；d 为安装标高 (m)。

2. 配电箱的标注

配电箱常见的标注内容及方式：

$$a\,\frac{b}{c}$$

或

$$a\text{-}b\text{-}c$$

当需要标注引入线的规格时，则标注为

$$a\,\frac{b\text{-}c}{d(e\times f)\text{-}g}$$

其中，a 为设备编号；b 为设备型号；c 为设备功率 (kW)；d 为导线型号；e 为导线根数；f 为导线截面 (mm^2)；g 为导线敷设方式及部位。

例如，$\mathrm{AP}\,4\,\dfrac{\mathrm{XL\text{-}3\text{-}2}}{40}$ 表示 4 号动力配电箱，其型号为 XL-3-2，功率为 40 kW。

又如，$\mathrm{AL}\,4\text{-}2\,\dfrac{\mathrm{XRM\text{-}302\text{-}20}}{10.5}$ 表示第四层的 2 号配电箱，其型号为 XRM-302-20，功率为 10.5 kW。

3. 开关及熔断器的标注

开关及熔断器常见的标注内容及方式：

$$a\,\frac{b}{c/i}$$

或

$$a\text{-}b\text{-}\frac{c}{i}$$

当需要标注引入线的规格时为

$$a\,\frac{b\text{-}c/i}{d(e\times f)\text{-}g}$$

其中，a 为设备编号；b 为设备型号；c 为额定电流 (A)；i 为整定电流 (A)；d 为导线型号；e 为导线根数；f 为导线截面积 (mm^2)；g 为导线敷设方式。

例如，$3\,\dfrac{\mathrm{HH}\,3\text{-}100/3}{100/80}$ 表示 3 号设备是一个铁壳开关，型号为 HH 3-100/3，额定电流为 100 A，熔体额定电流为 80 A。

4. 照明灯具的标注

照明灯具常见的标注内容及方式：

$$a\text{-}b\,\frac{c\times d\times 1}{e}\,f$$

其中，a 为灯具的数量；b 为灯具的型号或代号；c 为灯具内灯泡的数量；d 为单个灯泡的容量 (W)；e 为灯具的安装高度 (m)，指灯具底部距地面的距离，如果是吸顶式安装，则用 "–" 表示。f 为灯具安装方式；1 为光源的种类，一般很少使用。

常用的电光源类型及代号如表 1-16 所示。

表 1-16　常用的电光源类型及代号

电光源类型	旧标准（拼音）	新标准（英文）	电光源类型	旧标准（拼音）	新标准（英文）
白炽灯	B	IN	氙灯	S	Xe
荧光灯	Y	FL	氖灯	e	Ne
碘钨灯	L	I	弧光灯	u	ARC
汞灯	G	Hg	红外线灯	H	IR
钠灯	N	Na	紫外线灯	Z	UV

常用的灯具类型及代号如表 1-17 所示。针对灯具安装方式的代号体系，详细规定了不同安装方式所对应的代号以及文字符号，确保了安装过程的规范性与一致性，如表 1-18 所示。

表 1-17　常用的灯具类型及代号

灯具类型	代号（拼音）	灯具类型	代号（拼音）
普通吊灯	P	投光灯	T
壁灯	B	工厂灯、防爆灯	G
花灯	H	荧光灯	Y
吸顶灯	D	防水防尘灯	F
柱灯	Z	搪瓷伞罩灯	S
卤钨探照灯	L		

表 1-18　灯具安装方式的代号

安装方式	拼音代号	英文代号	安装方式	拼音代号	英文代号
线吊式	x	CP	吸顶式	D	C
链吊式	L	CH	吸顶嵌入式	DR	CR
管吊式	G	P	墙装嵌入式	BR	WR
壁装式	B	W	嵌入式	R	R

例如，$6\text{-S}\dfrac{1\times60}{2.5}\text{CS}$ 表示有 6 盏搪瓷伞罩灯，每个灯罩内装有 1 个 60 W 的白炽灯，链吊式安装，高度为 2.5 m；20-YU601×60/3CP 表示 20 盏 YU60 型 U 形荧光灯，每盏灯具中装设 1 只功率为 60 W 的 U 形灯管，灯具采用线吊安装，安装高度为 3 m；$4\text{-GC1-A}\dfrac{125\times\text{Hg}}{6.0}\text{P}$ 表示有 4 盏工厂灯，型号为 GC1-A，配照型直杆吊，每盏灯中装有 125 W 高压水银灯，离地 6 m。

5. 照明线路的标注

在电气工程图纸中，电气照明线路的表达通常采用线条与文字标注相结合的方式，这种方式可以清晰地展现线路的走向、具体用途、具体型号、数量、规格、敷设方式与具体部位等信息。线路敷设方式与线缆敷设部位的标准如表 1-19 所示。

表 1-19　线路敷设方式及部位的标准

名称	文字符号	名称	文字符号	名称	文字符号
线路敷设方式					
穿焊接钢管敷设	SC	电缆托盘敷设	CT	穿普通碳素钢电线套管敷设	MT
穿硬塑料导管敷设	PC	金属槽盒敷设	MR	直埋敷设	DB
穿可挠金属电线保护套管敷设	CP	塑料槽盒敷设	PR	电缆沟敷设	TC
线路敷设部位					
沿或跨梁 (屋架) 敷设	AB	沿墙面敷设	WS	暗敷设在柱内	CLC
沿或跨柱敷设	AC	暗敷设在顶板内	CC	暗敷设在墙内	WC
吊顶内敷设	SCE	暗敷设在梁内	BC	暗敷设在地板或地面下	FC

在照明线路平面图中，只要走向相同，无论导线的根数是多少，都宜用一条线表示，可以在线上打上短斜线表示导线根数，也可以用短斜线并在短斜线旁标注数字表示导线根数，如表 1-20 所示。对于两根导线，可用一条图线表示，不必标注根数，这在电力和照明线路平面图中已成惯例。

表 1-20　线路敷设格式代号

常用图形符号		说　明
形式 1	形式 2	
——／／／—	3 ／	导线组 (示出导线数为 3 根)

在电力和照明线路平面图中，可以在线旁直接标注线路安装代号，表示参照代号 (线路编号或用途)、导线型号、电缆根数、敷设方式和管径、敷设部位、安装高度等信息，其基本格式如下：

$$a\text{-}b\text{-}e\times f\text{-}g\text{-}h$$

其中，a 为线路编号或线路功能的符号；b 为导线型号；e 为导线根数；f 为导线截面面积 (mm²)；g 为导线敷设方式或穿管管径；h 为导线敷设部位。

电力和照明线路在电气平面图中的标注方式如图 1-52 所示。例如，N1-BV-2×2.5+PE2.5-TC20-WC 表示为 N1 回路，导线型号为 BV(聚氯乙烯绝缘铜芯线)，2 根导线截面积为 2.5 mm²，1 根保护接地线，截面面积为 2.5 mm² 绿黄双色线，穿电线管敷设，管径为 20 mm，沿墙暗敷。

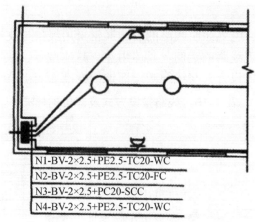

N1-BV-2×2.5+PE2.5-TC20-WC
N2-BV-2×2.5+PE2.5-TC20-FC
N3-BV-2×2.5+PC20-SCC
N4-BV-2×2.5+PE2.5-TC20-WC

图 1-52　电力和照明线路标注方式

 1.4.3　照明配电工程图

照明配电工程图由照明配电系统图和电气平面图等组成。

1) 照明配电系统图

照明配电系统图集中反映了动力设备及照明设备的安装容量、配电方式、电缆与电线的型号和截面积、电缆与电线的基本敷设方法和穿管管径、开关与熔断器的型号规格等，如图 1-53 所示。照明配电系统图只表示电气回路中各元件的连接关系，而不表示元件的具体安装位置和具体接线方法。

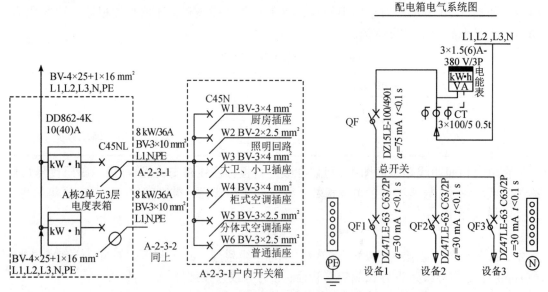

图 1-53　某用户照明配电系统图

2) 电气平面图

电气平面图是基于建筑总平面图绘制的，准确地展示了电气设备、装置及线路在建筑内的安装位置、具体的敷设方法等信息。某建筑局部房间的照明平面图详细反映了该区域内各类电气设备的安装 (或敷设) 位置与方式，以及设备的具体规格、型号和数量等关键参数，如图 1-54 所示。需注意的是，电气平面图通常不直接体现安装高度，安装高度的具体数值可通过图纸中的相关说明或文字标注进行查阅和了解。

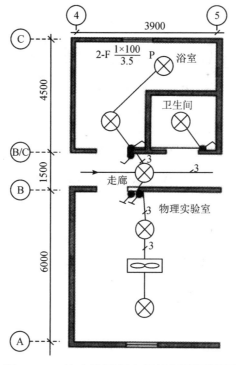

图 1-54　某建筑局部房间的照明平面图

EPLAN 软件介绍
及项目任务了解

1.5　家庭照明图纸绘制

在家庭照明系统的设计过程中，为了确保图纸的规范性、专业性和实用性，工程人员必须严格遵循国家及行业规定的绘图标准和规范，并借助专业的工具进行高效、准确地绘制。本节将系统阐述家庭照明图纸绘制的基本规范、绘制流程以及 EPLAN 电气设计软件的应用技巧，为工程人员提供全面、深入的指导和参考。

1.5.1　基本规范

在电气工程设计与施工过程中，基本规范是电气工程领域专业性和技术性的重要体现，也是工程质量和安全的重要保障。统一的图样格式不仅能够减少误解和混淆，还有助于提高设计效率和质量；同时，遵循标准化规定可以确保不同设计者和施工单位之间在图纸解读和使用上的无缝对接。

1. 图纸的格式与幅面

一张完整的图面由纸边界线、图框线、标题栏、会签栏、周边等组成，如图 1-55 所示。

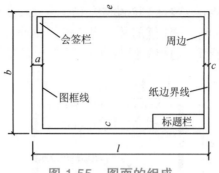

图 1-55 图面的组成

图纸的幅面是指图纸短边和长边的尺寸。一般分为 A0 号、A1 号、A2 号、A3 号、A4 号五种标准图幅。幅面代号及尺寸如表 1-21 所示。

表 1-21 幅面代号及尺寸（单位：mm）

尺寸	幅面代号				
	A0	A1	A2	A3	A4
$b×l$	841×1189	594×841	420×594	297×420	210×297
c	10			5	
a	25				
e	20		10		

图幅分区是指将图纸中相互垂直的两对边各自进行等分。分区的数量应根据图纸上视图的复杂程度来确定，每一对边分区的数量必须为偶数，以确保图纸的对称性和清晰度。每一分区的长度应控制在 25 ～ 75 mm 之间，分区线使用细实线绘制，以便于识别和区分。

在标注分区代码时，竖边方向采用大写英文字母从上至下依次标注，而横边方向则使用阿拉伯数字从左至右进行编号。图幅分区的具体示例如图 1-56 所示。分区代号由字母和数字组合而成，字母位于数字之前，如 B3、B4 等，这样的命名方式有助于快速准确地定位图纸上的特定区域。

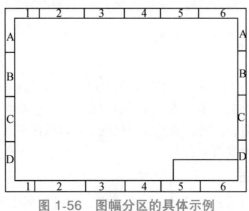

图 1-56 图幅分区的具体示例

在建筑图纸中，为了确保主要承重构件 (如承重墙、柱子、大梁或屋架) 的位置准确无误，均应绘制定位轴线，并赋予相应的轴线号。定位轴线编号应遵循以下原则：在水平方向上，采用阿拉伯数字进行标注，从左至右依次排列；在垂直方向上，则采用英文字母 (不使用 I、O、Z，以避免与数字 1、0 混淆) 进行标注，自下而上依次编号。这些数字和字母均使用点画线从定位轴线引出，以便于识别和区分。具体的定位轴线标注方法如图 1-57 所示。

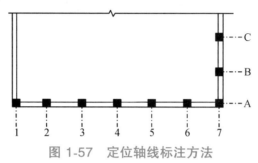

图 1-57　定位轴线标注方法

定位轴线可以帮助工程人员明确各种电气设备和其他设备的具体安装位置，计算电气管线的长度。

2. 标题栏、会签栏

标题栏是图纸中用于记录项目名称、图名等设计信息，如图 1-58 所示。标题栏通常位于图纸的下方或右下方，以便于阅读者快速获取设计信息。标题栏中的文字方向应与看图方向保持一致，即图纸中的说明、符号等应与标题栏的文字方向相同，以确保信息的清晰传达。

设计单位				工程名称		设计号	
						图号	
审定		设计		项目名称			
审核		制图					
总负责人		校对		图名			
专业负责人		复核					

图 1-58　标题栏

会签栏则是供与图纸相关的给水排水、采暖通风、建筑、工艺等各专业设计人员在进行图样会审时签名使用的区域。

3. 图线与字体

在电气工程图的绘制中，所使用的线条称为图线。为确保图形内容表达清晰、含义明确及重点突出，国家标准对图线的形式、宽度和间距均作了详尽的规定。表 1-22 列出了电气工程图中所采用的图线形式及其宽度标准。其中，图线宽度 (b) 的选取应根据图纸的具体类型、比例及复杂程度进行确定，遵循现行国家标准《房屋建筑制图统一标准》GB/T 50001—2017 的相关规定进行。通常建议的图线宽度为 0.5 mm、0.7 mm、1.0 mm。

图纸中的文字元素，包括汉字、字母和数字，它们是构成图纸内容不可或缺的部分。为确保图纸信息的清晰、准确传达，文字书写应遵循以下原则：字体端正，笔画清晰，排列整齐有序，字间间距均匀，且符合行业内的相关标准。对于汉字的书写，推荐采用

表 1-22　图 线 形 式

图线名称		线型	线宽	一般用途
实线	粗	————————	b	本专业设备之间电气通路连接线、可见轮廓线、图形符号轮廓线
	中粗	————————	$0.7b$	
	中	————————	$0.7b$	本专业设备可见轮廓线、图形符号轮廓线、方框线、建筑物可见轮廓线
		————————	$0.5b$	
	细	————————	$0.25b$	非本专业设备可见轮廓线、建筑物可见轮廓线；尺寸、标高、角度等标注线及引出线
虚线	粗	— — — — — —	b	本专业设备之间电气通路不可见连接线；线路改造中原有线路
	中粗	— — — — — —	$0.7b$	
	中	– – – – – –	$0.7b$	本专业设备不可见轮廓线、地下电缆沟、排管区、隧道、屏蔽线、连锁线
		– – – – – –	$0.5b$	
	细	- - - - - -	$0.25b$	非本专业设备不可见轮廓线及地下管沟、建筑物不可见轮廓线等
波浪线	粗	∿∿∿∿∿	b	本专业软管、软护套保护的电气通路连接线、蛇形敷设线缆
	中粗	∿∿∿∿∿	$0.7b$	
单点长画线		—·—·—·—·—	$0.25b$	定位轴线、中心线、对称线；结构、功能、单元相同围框线
双点长画线		—··—··—··—	$0.25b$	辅助围框线、工艺设备轮廓线
折断线		———∿———	$0.25b$	断开界线

长仿宋体。字母和数字的书写，可选择正体或斜体，具体取决于图纸的排版风格和信息呈现的需求。图纸上字体的大小，应依据图纸幅面的大小进行适当调整，以确保图面的整洁。字体的最小高度可参考表 1-23 进行设定。

表 1-23　字体的最小高度 (单位：mm)

基本图纸幅面	A0	A1	A2	A3	A4
字体最小高度	5	3.5	2.5		

4. 尺寸标注与标高

　　工程图样只能表达形体的形状，而形体的大小则必须依据图样上标注的尺寸来确定。因此，尺寸标注在整个图样绘制中占有重要的地位，是施工的依据，应严格遵照国家标准中的有关规定，保证所标注的尺寸完整清晰、准确无误；否则，会给施工造成很大的不确定性。

　　尺寸数据作为施工和加工的主要依据，由尺寸线、尺寸界线、尺寸起止点的箭头或45°斜划线、尺寸数字四个要素组成。尺寸的单位除标高、总平面图和一些特大构件以

米 (m) 为单位外，其余一律以毫米 (mm) 为单位。因此，一般工程图上的尺寸数字都不标注单位。

标高按基准面的不同分为相对标高和绝对标高两种。绝对标高是以我国青岛市外黄海平面作为零点而确定的高度尺寸，又称海拔。相对标高是选定某一参考面或参考点为零点而确定的高度尺寸。在工程图中多采用相对标高，一般取建筑物地平高度为 +0.00 m。

5. 方位与风向频率标记

电气平面图一般按上北下南、左西右东来表示电气设备或构筑物的位置和朝向。但是，在很多情况下都是用方位标记 (指北针方向) 来表示朝向的，方位标记如图 1-59(a) 所示，其箭头指向表示正北方向 (N)。

为了表示工程地区一年四季风向情况，往往在电气布置图上还标有风向频率标记。它是根据某地区多年平均统计的各个方向吹风次数的百分值，按一定比例绘制而成的。风向频率标记形似一朵玫瑰花，故又称风玫瑰图。如图 1-59(b) 所示，是某地区的风向频率标记，其箭头表示正北方向，实线表示全年的风向频率，虚线表示夏季 (6 ～ 8 月) 的风向频率。由此可知，该地区常年以西北风为主，而夏季以东南风和西北风为主。

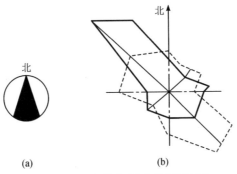

(a) 　　　　　　　　　(b)

图 1-59　方位与风向频率标记

6. 线型标准

电气工程图中包含了各类图线、符号，应符合 GB/T 50001《房屋建筑制图统一标准》、GB/T 4728《电气简图用图形符号》，以及其他现行国家或行业的相关标准、规范的规定。电气工程图一般采用四种线型，具体应用如表 1-24 所示。

表 1-24　图线及其应用

图线名称	线型	应用	图线名称	线型	应用
实线	————	导线、导线组、电路线路、母线一般符号	点划线	—·—·—	控制及信号线 (电力及照明用)
虚线	——————	事故照明线	双点划线	—··—··—	50 V 及其以下电力及照明线路

7. 符号规范

在建筑电气工程图中，各种元件、设备、装置、线路及其安装方法等是借用图形符号或文字符号来表示的。电气工程图中，常用导线图形符号及说明如表 1-25 所示。

表 1-25　导线图形符号及说明

图形符号	说明	图形符号	说明
———————	母线		保护和中性共用线
———————→	进户线		具有保护和中性的三相配线
———————	导线一般符号		向上配线
——／／／——	三根导线		向下配线
——／³——	三根导线		导线垂直通过
——／ⁿ——	n 根导线	●	连线盒或接线盒
———／———	中性线	—／——／——／—	无接地极的接地装置
———／———	保护线	○—／——／——／—○	有接地极的接地装置

1.5.2　绘制方式

为了保证工程图纸的图面质量，提高制图速度，必须借助绘图工具和仪器。绘制工程图样时，可以使用制图工具和仪器手工绘制，也可以利用计算机绘制。工具不会限制人们的思考，但会潜移默化地影响人们的思维模式。

1. 手工绘图

手工绘图是借助图板、丁字尺、圆规、分规、三角板、曲线板等绘图工具绘制图样的一种方法，如图 1-60 所示。

图 1-60　手工绘图

无论是手工绘制还是计算机绘制工程图样，其制图标准是一致的。尽管制图工具和仪器有别，但是制图程序和步骤是相通的。手工绘图步骤大体可分为五步。

1）绘图准备

准备好绘图工具和用品，以及所需的仪器，并用软布擦拭干净；削好铅笔及圆规上的笔芯；整理好工作地点，熟悉所画图形，固定图纸。

2) 合理布图

(1) 按照国家标准规定，在图纸上画出选定的图幅及图框周边和标题栏，再合理布置图形。

(2) 图形的布局应匀称美观，并根据每个图形的长、宽尺寸，画出各图形的基准线、轴线等。

3) 画底稿

画出图形的对称中心线、主要轮廓线。注意各图的位置要布置匀称，底稿线要细。

4) 描深

绘制原则：先曲线，后直线；由上到下，从左到右；所有图线同时描深。

5) 检查

(1) 画箭头，标注尺寸数值，书写注释文字，填写标题栏。

(2) 图线要求：线型正确，粗细分明，均匀光滑，深浅一致。

(3) 图面要求：布图适中，整洁美观，字体、数字符合国家标准规定。

2. 计算机绘图

在电气工程领域中，计算机辅助设计 (CAD) 已经成为设计过程中的重要组成部分。电气 CAD 设计不仅能保证图纸的图面质量，还能显著提高制图速度。

电气 CAD 设计是指利用计算机及其相关软件和绘图工具进行电气工程设计的一种方法。它涵盖了从电路设计、布线、设备布局到文档编制等整个设计流程。电气 CAD 设计作为现代电气工程领域的重要工具，可以帮助工程人员创建专业的电气图纸，并提供了丰富的功能来编辑、管理和优化图纸，更高效、更准确地完成设计任务。

3. 手工绘图与电气 CAD 设计比较

手工绘图与电气 CAD 设计比较如表 1-26 所示。

表 1-26　手工绘图与电气 CAD 设计比较

手工绘图	电气 CAD 设计
依赖传统的绘图工具和仪器，如图板、丁字尺、圆规等	利用计算机和专业的 CAD 软件；提供丰富的电气符号库和绘图工具
绘图过程繁琐，精度受人为因素影响大	绘图过程自动化程度高、精度高
修改和调整图纸较为困难	易于修改和调整图纸
图纸存储和管理不便	图纸存储和管理方便，支持版本控制和团队协作

4. EPLAN 简介

EPLAN 作为电气 CAD 领域的典型代表，自 1984 年推出第一个版本以来，经过数十年的持续改进与发展，已发展成为享誉全球的电气设计软件。EPLAN 以其智能化的解决方案和专业化服务，为电气规划、工程设计和项目管理领域提供了强大的支持。

EPLAN Electric P8 以其强大的功能、灵活的设计方式和高度的集成性，成为电气

CAD 设计中的典型代表。通过 EPLAN Electric P8，工程人员可以更加高效、准确地完成电气设计任务，提高工作效率和质量。EPLAN Electric P8 的特点如表 1-27 所示。

表 1-27　EPLAN Electric P8 的特点

特点	内　容
高度集成	EPLAN Electric P8 吸纳了 EPLAN 5 和 EPLAN 21 的优点，并结合 Windows 和 AutoCAD 的操作风格，为用户提供了更为便捷和高效的操作体验
多语言支持	使用 Unicode 技术，无须安装额外程序，即可正常显示中文等多种语言
灵活的设计方式	无论是基于图形的设计，还是基于对象的设计，EPLAN Electric P8 都能快速上手并熟练使用
数据迁移	EPLAN 5 和 EPLAN 21 的数据可以顺利迁移到新的 EPLAN Electric P8 中，确保用户历史数据的延续性和完整性
模块化设计	EPLAN Electric P8 支持模块化设计，包括 EPLAN Fluid、EPLAN PPE、EPLAN Cabinet 等多个软件模块，能够满足不同领域的电气设计需求
数据交互	EPLAN Electric P8 具有强大的数据交互能力，可以将数据信息传递给其他软件和系统，如 AutoCAD、SolidWorks、ERP 等

1.5.3　家庭照明 EPLAN 绘图

在使用 EPLAN 软件进行图纸绘制之前，操作者应确保已经安装好 EPLAN 软件，并且具备一定的电气设计背景知识。EPLAN 软件绘制图纸的基本流程，具体的操作步骤可能会因具体项目需求和软件版本而有所不同；在进行实际操作前，建议操作者查阅 EPLAN 软件的用户手册或相关文档，以便更好地了解和掌握软件的功能和操作方法。

使用 EPLAN 软件绘制图纸的基本流程包括准备工作、新建项目、新建图纸页、原理图绘制、项目的备份与导出等环节，如图 1-61 所示。下面以家庭照明及部分插座电气图为例，如图 1-62 所示，介绍 EPLAN 绘图流程。

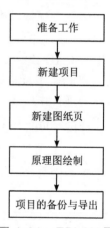

图 1-61　EPLAN 图纸绘制流程

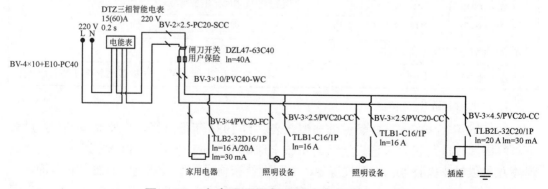

图 1-62　家庭照明及部分插座电气图

1. 准备工作

在图纸绘制之前，做好项目相关准备工作可以有效提高设计效率，减少重复工作量。

1) 搜集信息

搜集信息主要包括项目信息和项目数据等，如表 1-28 所示。

表 1-28　项目信息和项目数据简介

类别	名称	内　容	备注
项目信息	项目名称	项目唯一的标识名称	正确准备项目信息可以明确项目身份，方便后期修改维护
	客户信息	供货商、交付用户等的基本信息	
	设备信息	设备类型、数量等基本信息	
项目数据	元器件信息	开关、接触器、传感器、电缆等元器件数据	项目需要使用的各类元器件、线缆、信号等基本数据
	项目资料	项目设计要求的各种文件等	

项目数据包括部件名称、部件编号、制造商等信息，如表 1-29 所示。

表 1-29　家庭电气照明电路项目数据

部件名称	部件编号	ERP 编码	制造商	技术参数	描述	数量
漏电电流型断路器	A9D65216	—	施耐德	6 A，230 V，2 P，ELE，30 mA	两极剩余电流动作保护断路器	1
两极断路器	A-B.1489-M2C100	—	ABB	10 A、16 A	两极断路器	4
单极安全开关	A9F18110	—	施耐德	C 曲线，1-P，10 A	单极小型断路器	2
灯	—	—	—	60 ～ 150 W	—	2

2) 确定模板

项目模板是基于某种设计标准的空项目，内置了各类标准的主数据内容，包含项目开发所需要的基础信息，如图纸类型、元器件类型库、测量单位、规格等。基于项目模板创建 EPLAN 项目，可以有效规范项目布局，保证项目符合标准要求。EPLAN 软件在安装时提供了大量符合国际标准的项目模板和基本项目模板，其扩展名为 "*.ept" 和 "*.zw9"。EPLAN 常用项目模板如表 1-30 所示。

基本项目模板是通过选择不同标准的项目模板设计完成一个项目后，在该项目中定义了用户数据、项目页结构、常用标准页、常用报表模板及其他自定义数据，然后将原理图样删除，只保存标准的预定义信息及自定义内容，将其保存为基本项目模板。因此，基本项目模板中不仅包含了各类标准的基本内容，还包括了用户自定义的相关数据及项目页结构等内容。EPLAN 常用基本项目模板如表 1-31 所示。

表 1-30　EPLAN 常用项目模板

模板名称	模 板 定 义
GB_tpl001.ept	带 GB 标准 (中国国家标准) 标识结构的项目模板
GOST_tpl001.ept	带 GOST 标准 (俄罗斯电气标准) 标识结构的项目模板
IEC_tpl001.ept	带 IEC (国际电工委员会) 标准标识结构的项目模板，并且带有高层代号、位置代号的页结构
IEC_tpl002.ept	带 IEC 标准标识结构的项目模板，并且带有对象标识符、文档类型的页结构
IEC_tpl003.ept	带 IEC 标准标识结构的项目模板，并且带有高层代号、位置代号及文档类型的页结构

表 1-31　EPLAN 常用基本项目模板

模板名称	模 板 定 义
GB_bas001.zw9	带 GB 标准标识结构的基本项目
GOST_bas001.zw9	带 GOST 标准标识结构的基本项目
IEC_bas001.zw9	带 IEC 标准标识结构的基本项目，并且带有高层代号、位置代号的页结构
IEC_bas002.zw9	带 IEC 标准标识结构的项目模板，并且带有对象标识符和文档类型的页结构
IEC_bas003.zw9	带 IEC 标准标识结构的项目模板，并且带有高层代号、位置代号及文档类型的页结构

本项目选择 EPLAN 安装包内提供的基本项目模板 "IEC_bas001.zw9"，使用此模板，可以快速构建带有 IEC 标准标识的基础项目框架，为后续绘图提供标准的工程环境。项目创建时，EPLAN 会根据模板要求，将指定标准的符号库、图框及表格数据从系统主数据中复制到项目数据中。

3) 确定结构标识

结构标识事关项目质量，在项目管理中具有重要意义。在电气设计标准中，可以从以下三个方面进行定义项目层级。

(1) 功能面结构：显示系统的用途，对应 EPLAN 中高层代号，其前缀符号为 "="，高层代号一般用于进行功能上的区分。

(2) 位置面结构：显示该系统位于何处，对应 EPLAN 中的位置代号，其前缀符号为 "+"，位置代号一般用于设置元件的安装位置。

(3) 产品面结构：显示系统的构成类别，对应 EPLAN 中的设备标识，其前缀符号为 "-"，设备标识表明该元件属于哪一个类别，通常用于对部件和设备进行定义。

在项目中可以使用结构标识符对项目结构进行标识或描述。图纸页、线缆、元器件等各种对象都有一个唯一的结构标识，标记对象的所属位置和类型。结构标识可以由一个单独的标识或多个标识组成。一般结构标识包含高层代号、位置代号和文档类型等。

(1) 高层代号：从功能层面上对图纸页进行约束，本项目中设置为"01"。

(2) 位置代号：从安放位置层面上对图纸页进行约束，本项目中设置为"A1"。

(3) 文档类型：表明图纸页为何种类型，本项目中设置为"EFS"。

准备工作

2. 新建项目

项目是多种文档和数据的集合。工程实施中首先需要新建一个新项目，新建项目是新建图纸页和绘制原理图的前提。设计者在新建项目中详细设置项目基本信息、项目名称、项目模板、项目保存位置、项目创建者等，具体流程如图 1-63 所示。

1) 创建项目

双击 EPLAN 图标或通过"开始"菜单打开 EPLAN 软件。在 EPLAN 软件启动后，弹出项目运行初始界面。

单击"文件"菜单中的"新建"命令，打开"创建项目"对话框，如图 1-64 所示。在"项目名称"栏中输入"家庭照明系统"，"保存位置"栏使用默认信息，"基本项目"栏选择项目模板文件"IEC_bas001.zw9"，如图 1-65 所示。根据项目实际需要，

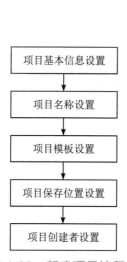

图 1-63　新建项目流程图

图 1-64　"创建项目"对话框

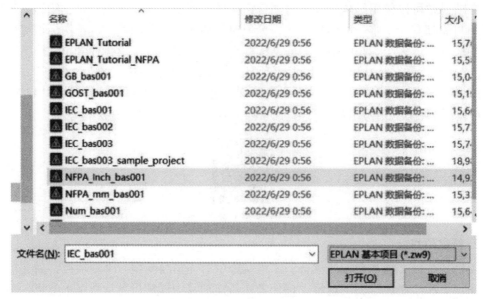

图 1-65　选择项目模板文件

可勾选并修订"设置创建日期"和"设置创建者"等信息。最后单击"确定"按钮，进行模板导入，完成项目创建。

项目创建完成后，如图 1-66 所示。在"演示项目 1"的下面没有任何的图纸页。

图 1-66　项目创建完成

2) 编辑项目属性

EPLAN 中的项目属性是指与 EPLAN 项目相关的各种配置和参数，这些属性的具体内容及说明如表 1-32 所示。

项目创建完成后，在操作页面的菜单中单击"文件"选择"设置"，EPLAN 弹出"设置"对话框，根据任务需要设置项目属性。

表 1-32　项目属性设置类型及作用

内　容	说　明
项目名称	项目的唯一标识，用于在 EPLAN 环境中区分不同的项目
项目描述	对项目的简短描述，有助于理解项目的目的和主要内容
创建者信息	包括创建项目的用户姓名、日期等，用于记录项目的起源和变更历史
页结构	定义了项目中包含哪些图纸（如原理图、布局图等）以及这些图纸之间的组织关系
设备结构	描述了项目中使用的设备及其连接关系，例如 PLC、电缆、设备标识符等，是电气设计中的核心部分
端子结构	用于表示设备之间的连接点，是电气连接的重要组成部分
图形设置	如连接线的颜色、样式、箭头等，用于控制图纸的显示效果
报表设置	定义了生成报表时的格式、内容等，有助于生成符合要求的文档
其他设置	如 PLC 编址格式、宏定义等，根据项目的具体需求进行配置

3) 设置项目结构

项目实施前，设计者首先需要对项目结构 (项目层级) 进行预规划和设计，合理的项目结构标识符在项目实施过程中可以起到事半功倍的作用。

按照 GB/T5094.1 标准，描述对象可以从功能面、位置面和产品面进行分别描述，然后组合形成综合描述。如果功能面使用标识字母"A1"，位置面使用标识字母"01"，产品面使用标识字母"KM1"，则其在电气设计中的综合描述为"=A1+01-KM1"。

结构标识符管理用于对项目结构的标识或描述。EPLAN 除了给定的项目设备标识配置之外，还可以创建用户自定义的配置，并用它来确定项目结构。用户可以按照要求应用结构标识配置页和设备名称等结构，结构标识可以是一个单独的标识，或是多个标识组成。

下面以高层代号为例，介绍设置高层代号、位置代号和文档类型的具体过程。选择"工具"菜单中的"结构标识符"，打开"结构标识符管理"对话框，如图 1-67 所示。在对话框内选中"高层代号"后，点击"+"按钮进行新建，打开"新标识符"对话框，设置高层代号名称及结构描述如图 1-68 所示。"名称"栏输入"01"，"结构描述"栏输入"原理图"，单击"确定"按钮，完成新标识符创建。位置代号、文档类型的设置方法和流程与高层代号一致。

图 1-67　"结构标识符管理"对话框

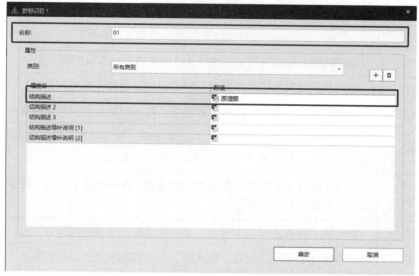

图 1-68 设置高层代号名称及结构描述

家庭照明电路项目结构标识符预设数据如表 1-33 所示。设置完成后的"结构标识符",如图 1-69、图 1-70、图 1-71 所示。

表 1-33 结构标识符预设数据

项目代号	结构标识符	结构描述	表格
高层代号	01	原理图	—
位置代号	A1	室内	—
文档类型	EFS	图纸页	—

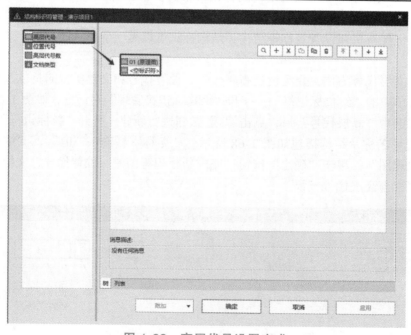

图 1-69 高层代号设置完成

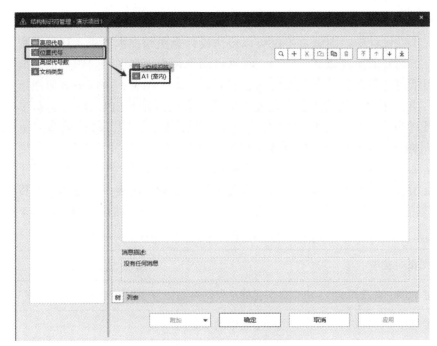

图 1-70　位置代号设置完成

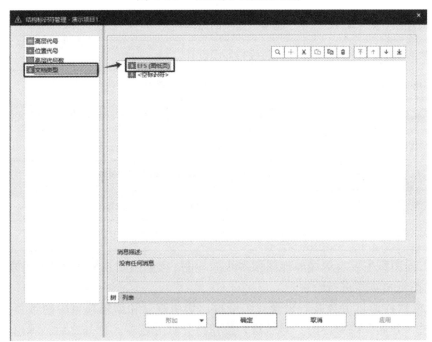

图 1-71　文档类型设置完成

新建项目

3. 新建图纸页

在电气工程设计中，图纸页不仅可以传达设计意图和技术要求，还是工程施工、设备采购和维护运营的重要依据。一个工程项目图纸是由很多图纸页组成的，典型的电气工程项目图纸包含封面表、电气原理图、安装板、端子图表、电缆图表等图纸页。

图纸页类型定义了页面所包含的基本元素和布局规则。EPLAN 中含有多种类型的图纸页，各种页类型的含义和用途也不一样，为了便于区别，每种类型的图纸页前都有不同的图标。EPLAN 中图纸页按生成的方式还可以分为手动和自动两类。所谓手动，又名交互式，是指设计者根据工程经验和理论设计图纸，与计算机互动手动绘制图纸；自动是指根据图纸的逻辑自动生成的图表等，如端子图表、电缆图表及目录表等。EPLAN 提供有多种交互式图纸页类型，其功能和用途也各不相同，如表 1-34 所示。

表 1-34　图纸页类型及其功能

图纸页类型	功 能 描 述
单线原理图（交互式）	是功能的总览，可与原理图相互转换、实时关联
多线原理图（交互式）	电气工程中的电路图
管道及仪表流程图（交互式）	仪表自控中的管道及仪表流程图
流体原理图（交互式）	流体工程中的原理图
安装板布局（交互式）	安装板布局图设计
图形（交互式）	自由绘图，没有逻辑成分
外部文档（交互式）	可连接外部文档（例如，MS Word 文档或 PDF 文件）
总览（交互式）	功能的描述，对于 PLC 卡总览、插头总览等
拓扑（交互式）	针对二维原理图中的布线路径网络设计
模型视图（交互式）	基于布局空间 3D 模型生成的 2D 绘图
预规划（交互式）	用于预规划模块中的图纸页

电气工程图纸主要有单线原理图和多线原理图。家庭照明系统选择"多线原理图（交互式）"的图纸页类型进行绘制。

EPLAN 软件通过页导航器来管理图纸页，集中查看和编辑项目中图纸页及属性。操作者通过"开始"菜单中的"导航器"按钮打开页导航器。打开之后，弹出"页"对话框；在对话框中新建项目"家庭照明系统"处。单击右键，选择"新建"菜单，在弹出的"页属性"对话框中进行图纸页新建，包括设置完整的页名、设置图纸的页类型和填写图纸页的描述等内容。

在"页属性"对话框中，默认"完整页名"信息，"页类型"处选择"多线原理图（交互式）"，如图 1-72 所示，"页描述"处填写"室内照明原理图"等信息，如图 1-73 所示。

新建图纸页完成后，页导航器按树结构和列表显示，如图 1-74 所示。

图 1-72　"页类型"选择页面

图 1-73　"页属性"对话框

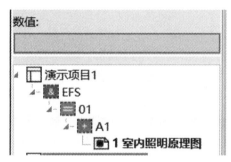
图 1-74　新建图纸页完成后的页导航器

🌸 知识链接

页的操作有页改名、页删除、页保存、页复制、页编号等。

1) 页改名

通常在设计过程中需要为创建的页改名。在页导航器中选中需要改名的页，单击鼠标右键选择"重命名"，在高亮处更改页名，如图 1-75 所示。注意区别"页名"和"页描述"。

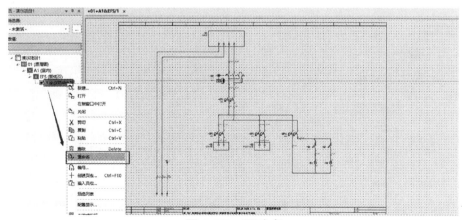
图 1-75　页改名

2) 页删除

页删除是通过在页导航器中选中需要删除的页，单击鼠标右键选择"删除"或者按"Dlete"键，如图 1-76 所示，经过确认，可以在项目中删除页。

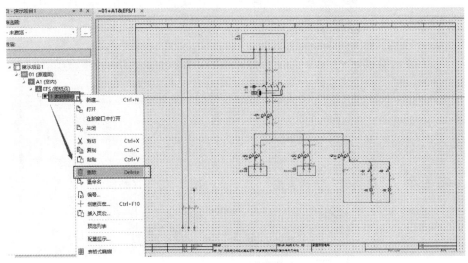

图 1-76　页删除

3) 页保存

EPLAN 是一个在线的数据库，当关闭项目或者切换页的时候，EPLAN 页会自动保存，无须按"保存"按钮。

4) 页复制

页复制是通过在页导航器中选中需要复制的页，单击鼠标右键选择"复制"，如图 1-77 所示，再单击鼠标右键选择"粘贴"，弹出"调整结构"对话框，可调整源和目标的结构标识符。如果没有进行结构标识符调整，将在目标页中创建和源页中相同的结构标识符。如果在目标页具有相同的页名，并选择覆盖，将会弹出提示对话框，回答"是"，将覆盖；回答"否"，将返回"调整结构"对话框。

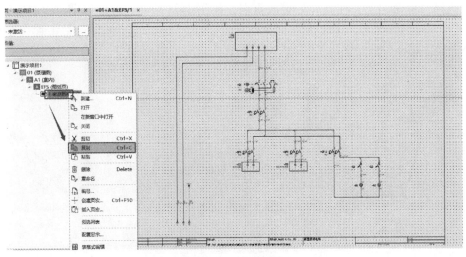

图 1-77　页复制

如果存在多页复制时，可以选择"编号"按钮，对复制页进行重新编号；也可以在不同项目中进行页复制，单击"页"选择"复制从 / 到"，在"复制页"对话框中，源项目和目标项目以树结构显示。初始状态下，当前的项目显示在对话框的两侧，因为在大多数的情况下，页复制的操作是在同一个项目下进行的。

5) 页编号

页编号可以对项目中的页进行重新编号，因此项目中的页得到重新命名和移动。单击"页"选择"编号"，或在页导航器中单击鼠标右键，在弹出的菜单中选择"编号"，打开"给页编号"对话框，在起始号中输入起始的页号，在增量中输入 1。如果对整个项目进行编号，则应激活"应用到整个项目"；否则，只对所选的范围进行编号，页编号如图 1-78 所示。

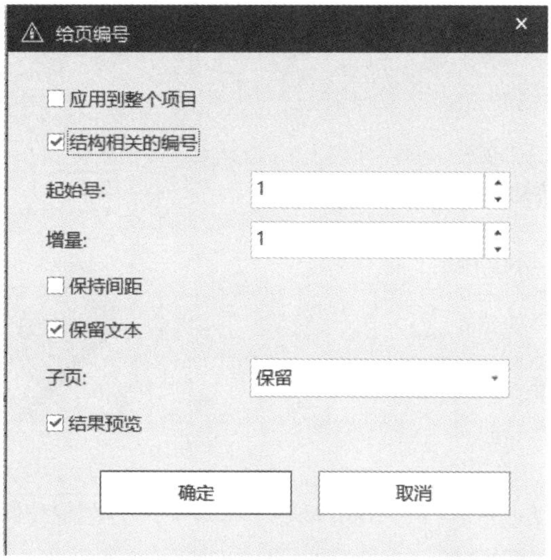

图 1-78　页编号

新建图纸页

4. 原理图绘制

原理图通过图形和符号来表示电气元件之间的连接关系和功能，是电气系统设计的基础。为了便于使用者了解原理图的功能和动作顺序，其器件符号布局应符合一定的要求。

1) 调用标准符号

双击 EPLAN "页导航器"中"室内照明原理图"图标，打开图形编辑器，如图 1-79 所示。

这里以两极断路器为例，介绍器件的放置过程。在图形编辑器右侧的"插入中心"导航栏中找到"符号"菜单，单击后选择"IEC_symbol"符号库，如图 1-80 所示。

打开"IEC_symbol"符号库后，选择"电气工程"大类，如图 1-81 所示。

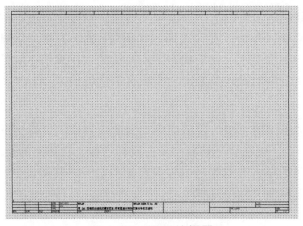

图 1-79　图形编辑器

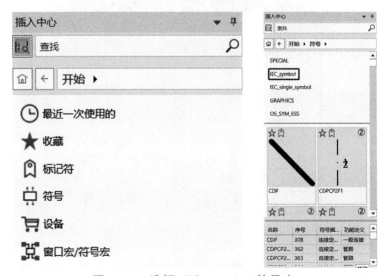

图 1-80　选择 IEC_symbol 符号库

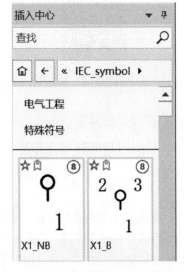

图 1-81　选择"电气工程"大类

　　查找两极断路器，长按鼠标左键将其拖动至图形编辑器图纸页上，如图 1-82 所示。放置后，EPLAN 自动弹出"属性（元件）：常规设备"对话框，"显示设备标识符"栏输入"-QF1"，如图 1-83 所示。

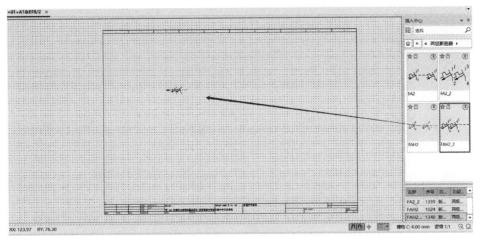

图 1-82　放置器件符号

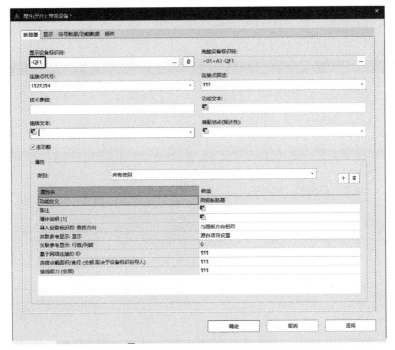

图 1-83　设置器件标识符

2) 黑盒制作

　　标准符号库中没有的符号(如电能表)，可通过插入黑盒的方式来解决。由图形元素组成的黑盒，代表物理上存在的设备。在 EPLAN 中可以制作黑盒并赋予黑盒功能定义，或者组合黑盒。具体操作步骤如下：首先在原理图中绘制一个黑盒；在菜单栏中选择"插入"→"黑盒"；在图形编辑器中，单击第一个点，接着向右下方移动鼠标，然后单击第二个点，绘制出矩形框，如图 1-84 所示。

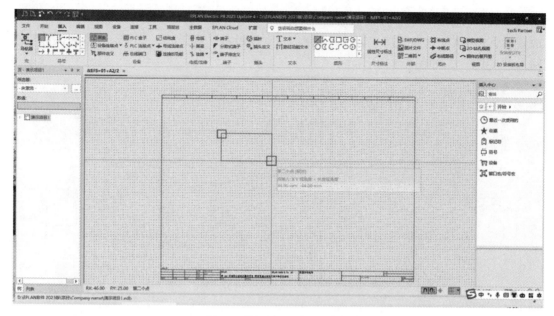

图 1-84　绘制黑盒图形

　　矩形框绘制完成后，在弹出的黑盒属性对话框中设置黑盒标识符，如图 1-85 所示，"显示设备标识符"栏中输入"-U1"。

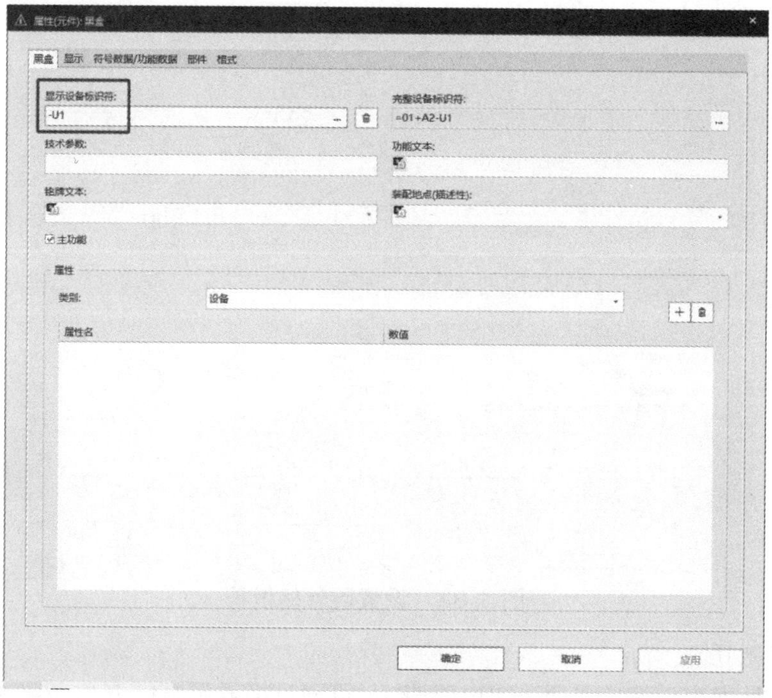

图 1-85　设置黑盒标识符

　　黑盒属性设置完成后，菜单栏中选择"插入"→ "设备连接点"，设备连接点符号附着在鼠标箭头上，此时可以敲击键盘上的"Tab"键对连接点的方向进行调整，如图 1-86 所示。

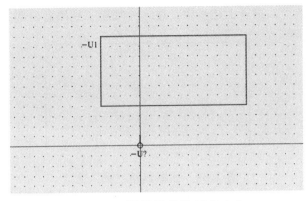

图 1-86　调整设备连接点方向

在黑盒适当位置处，单击鼠标左键，设备连接点就放置在黑盒中，如图 1-87 所示。

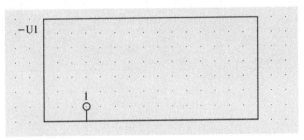

图 1-87　放置设备连接点

放置完成后，系统自动弹出"属性 (元件): 常规设备"对话框，可进行设备连接点属性设置。在对话框里填写"连接点代号"。此处需要注意，只有黑盒为主功能，设备连接点为辅助功能，所以在对话框中取消"主功能"勾选，如图 1-88 所示。

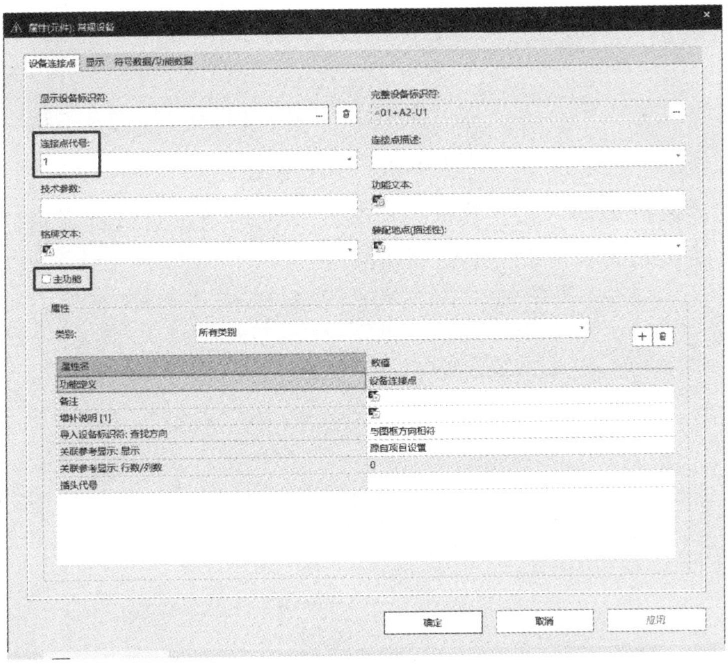

图 1-88　"属性 (元件): 常规设备"对话框

电能表有 4 个端子，重复上述步骤，逐一添加端子到黑盒内部，如图 1-89 所示。

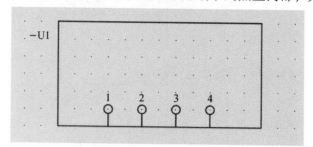

图 1-89　设备连接点插入完成

完成符号绘制后，用鼠标左键框选所有图形，在菜单栏选择"编辑"→"组合"命令，将黑盒、设备连接点及其内部图形进行组合，如图 1-90 所示。

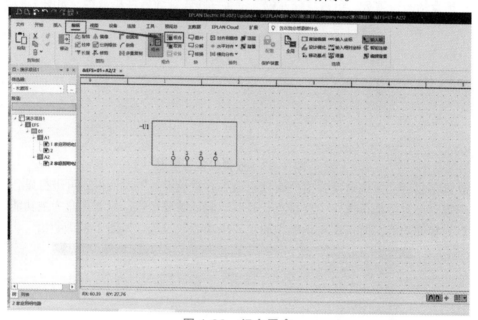

图 1-90　组合黑盒

图纸中的"家用电器"和"其他用电装置"也均用黑盒进行表示，其绘制方法与电能表相同，绘制完成后，如图 1-91 所示。

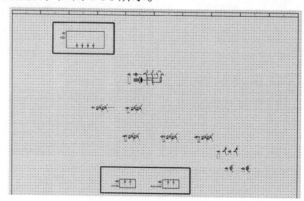

图 1-91　绘制黑盒元素

3) 有序接线

在 EPLAN 软件中，元器件的接线是自动的，如果两个连接点方向水平或垂直，便可实现自动连线。需要转折时可以用连接符号。绘制图纸时连接符号用于分支连接线，包括 T 节点、十字接头、跳线等，连接符号如图 1-92 所示。使用 EPLAN 软件提供的连线工具时，要确保符合电气设计要求和其连接正确性。

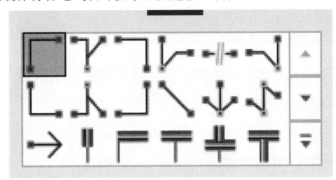

图 1-92 连接符号

此处以电位连接点（电位连接点用于定义电位，可以为其设定 L、N、PE、+、- 等，但并不代表真实的设备）至电能表的接线为例，如图 1-93 所示。

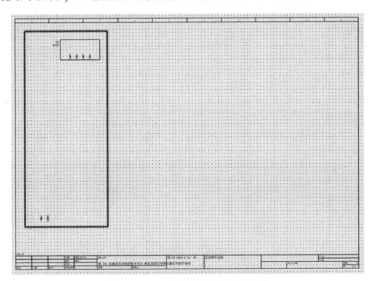

图 1-93 电位连接点与黑盒

首先是插入电位连接点，在工具栏中选择"连接"→"电位连接点"，如图 1-94 所示。在菜单栏中选择"插入"→"右下角节点"，如图 1-95 所示。

将鼠标移动到图形编辑器的适当位置，单击左键，连接符号插入图中，与图中电位连接点自动连接，如图 1-96 所示。

以同样的插入方法，插入左上角节点，与电能表进行连接，如图 1-97 所示。

到此，从电位连接点 L 至电能表 1 号端子的接线便完成了；从 N 电位连接点至电能表 3 号端子的接线过程同理，连接完成后的效果如图 1-98 所示。

将放置好的器件符号和黑盒符号均有序连接后，如图 1-99 所示。

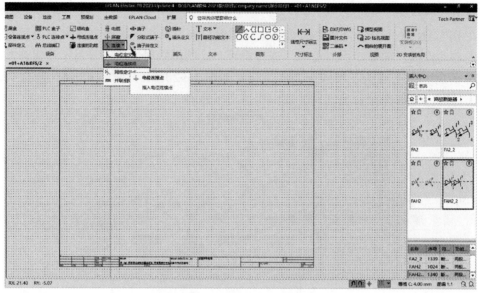

图 1-94 插入电位连接点

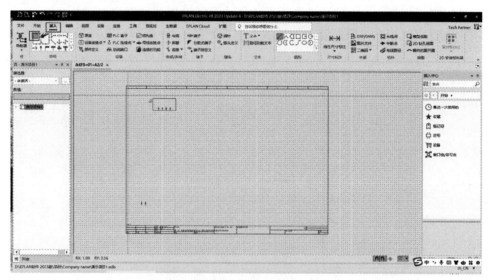

图 1-95 插入节点

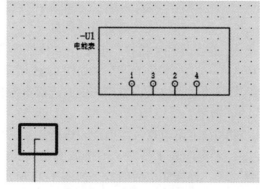

图 1-96 插入右下角节点

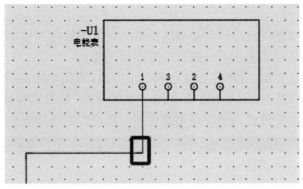

图 1-97 插入左上角节点

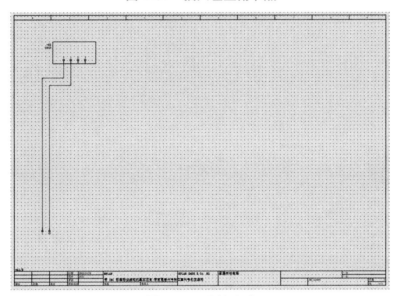

图 1-98 连接完成

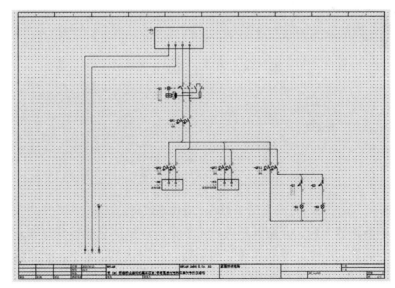

图 1-99 器件符号连接完成

4) 添加标注

为了方便阅读和理解，设计者必须遵循电气设计的规范和标准，对电路线路进行编号和注释，以便更清晰地表达系统图纸的意图和功能。

以项目中电能表为例，介绍其中文名称标注方法。双击电能表符号后，弹出"属性(元件)：常规设备"对话框，如图 1-100 所示，在"功能文本"栏处填写其设备的中文标识"电能表"。单击"确定"按钮，返回图形编辑器，标注后的电能表如图 1-101 所示。

图 1-100　电能表"属性(元件)：常规设备"对话框

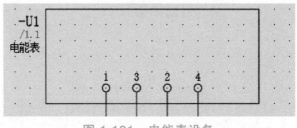

图 1-101　电能表设备

以项目中断路器为例，介绍其相关技术参数及连接信息的标注过程。双击断路器符号后，弹出"属性(元件)：常规设备"对话框，如图 1-102 所示，在"技术参数"栏填写额定电流为 60 A，在"连接点代号"栏填写每个接线端口的代号。单击"确定"按钮，返回图形编辑器，标注后的断路器如图 1-103 所示。

图 1-102　断路器"属性 (元件) : 常规设备"对话框

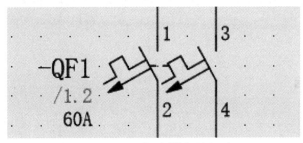

图 1-103　断路器参数标注

　　导线颜色和线路标注是图纸设计的必要元素。不同颜色导线对应的字母代码及作用如表 1-35 所示。

表 1-35　导线颜色字母代码及作用

颜色	字母代码	作　用
黑色	BK	可表示装置和设备的内部布线
棕色	BN	可表示直流电路的正极
红色	RD	可表示三相电路的 W 相
黄色	YE	可表示三相电路的 U 相
绿色	GN	可表示三相电路的 V 相

续表

颜色	字母代码	作　用
蓝色 (包括淡蓝)	BU	可表示直流电路的负极； 可表示三相电路的零线或中性线； 可表示直流电路的接地中线
绿 / 黄双色	GNYE	可表示安全用的接地线
白色	WH	无指定用色的半导体电路

在菜单栏中选择"插入"→"连接定义点"后，选择要设置的导线，如图 1-104 所示。软件自动弹出"属性 (元件): 连接定义点"对话框，在对话框中"颜色 / 编号""截面积 / 直径"栏定义其线路颜色及线径，如图 1-105 所示。设置后的效果如图 1-106 所示。

家庭照明系统电气原理图纸绘制完成之后，效果如图 1-107 所示。

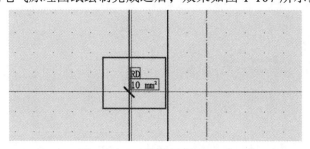

图 1-104　放置连接定义点

图 1-105　"属性 (元件): 连接定义点"对话框

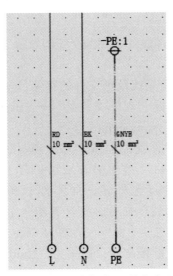

图 1-106　线路颜色及线径标注

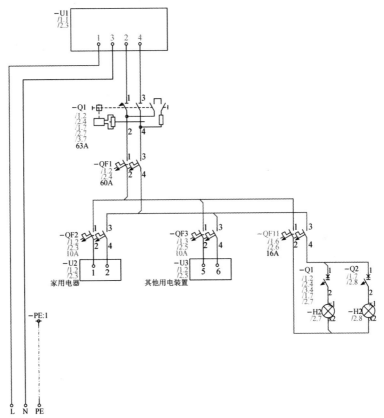

图 1-107　家庭照明系统电气原理图

原理图绘制

5. 项目备份、恢复与导出

项目的备份、恢复与导出是设计者相互交流的重要手段。定期进行项目的备份和导出，可以防止数据丢失或损坏。

EPLAN 文件夹下有默认的系统数据文件的存储目录，同时也可以由设计者自定义保存目录。系统默认保存目录是"软件安装盘"→"user"→"Public"→"EPLAN"→"Data"→"项目"→"company name"。

EPLAN 项目数据文件包括项目主体文件、项目链接文件和项目主数据文件，三者共同构成一个完整的项目。当要另存或者归档某个项目时，需要把该项目的三部分文件都进行备份或者打包处理，而不能只备份或者打包部分文件。通过"EPLAN"→"Data"→"项目"命令，打开其中一个项目，可以看到里面保存着不同类型的文件。其中加以标注的三个文件：后缀为"*.edb"的文件夹即项目主体文件；后缀为"*.elk"的文件即项目链接文件；后缀为"*.mdb"的文件即项目主数据文件，也是项目管理数据库文件。

项目备份时，单击"文件"菜单选择"备份"命令，在弹出的对话框中可以选择具体的导出位置，并且填写备份的文件名称，如图 1-108 所示。

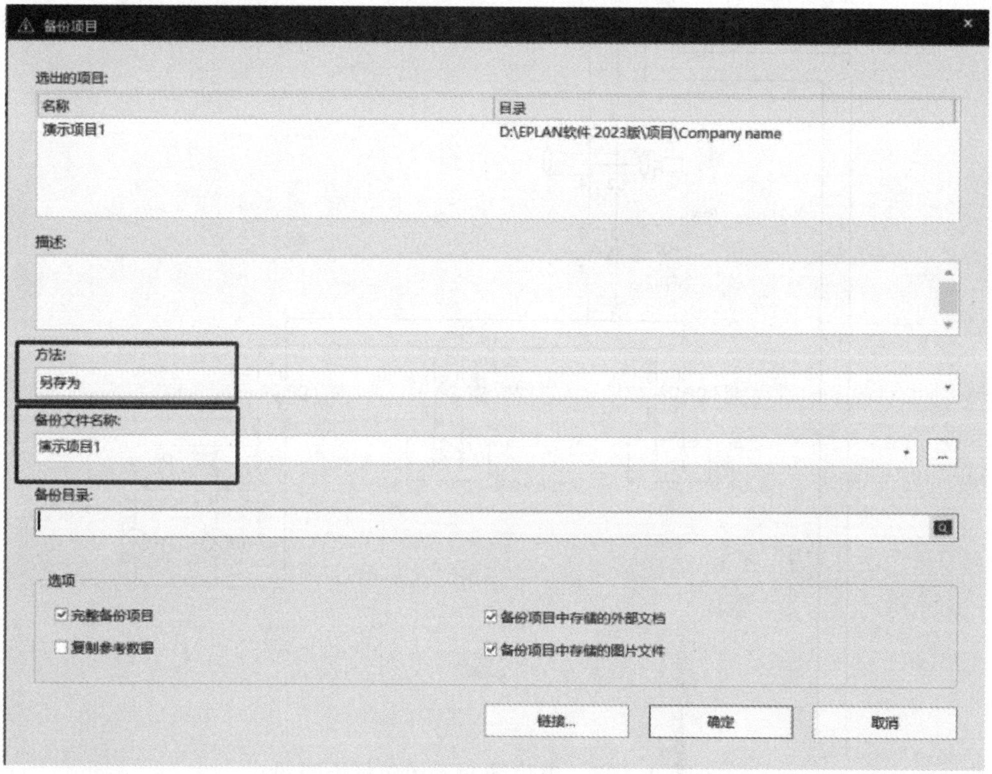

图 1-108　备份地址与备份名称

项目需要恢复时，单击菜单"文件"中的"打开"命令，在页面中可以看到"打开/恢复"字样，接着浏览项目所储存的地址，点击"打开"即可，如图 1-109 所示。

项目还可以将绘制的原理图导出为 PDF 文件，如图 1-110 所示。

图 1-109　恢复项目

图 1-110　PDF 格式导出

✤ 知识链接

EPLAN 软件中有多种格式的归档文件，具体的后缀格式如表 1-36 所示。

表 1-36　文件后缀及说明

文件后缀	文件类型	说　明
elk	EPLAN 项目	标准项目链接文件
elp	压缩成包的 EPLAN 项目	打包的项目
els	调出的 EPLAN 项目	锁定项目文件供外部编辑
ela	ELA 文件	归档项目

续表

文件后缀	文件类型	说　明
ell	具有修订管理的 EPLAN 项目	—
elr	已完成的 EPLAN 项目	参考项目
elt	临时 EPLAN 参考项目	同参考项目，但不需要权限即可删除
elx	锁定导出并压缩成包的 EPLAN 项目	先锁定项目文件供外部编辑，再打包
zw1	EPLAN 数据备份项目	项目备份文件

项目数据交互

 习　　题

1. 制定照明系统的电路设计，包括确定电源电压、电路的分支和连接方式、电路的保护措施等。

2. 考虑到使用者的便利性和舒适度，请设计出合理的开关、调光、定时等控制方案，并尝试用 EPLAN 进行图纸绘制。

第 2 章　机床电气控制系统设计

随着制造业的快速发展和智能化转型的加速推进，机床电气控制系统的设计与优化成为推动产业升级的关键。掌握机床电气知识，不仅能够使电气学生在未来的就业市场中更具竞争力，还能为他们从事智能制造、工业自动化等前沿领域的研究与开发奠定坚实基础。

2.1　机床电气系统

随着现代工业技术的不断发展，机床电气系统正逐步向数控化、智能化转变，特别是基于 PLC(Programmable Logic Controller) 的电气控制系统，不仅提高了生产效率，还增强了系统的稳定性和可靠性，为机械加工行业提供了强有力的支撑。

2.1.1　机床电气系统概述

机床电气系统集成了电气驱动系统、控制系统、监测与保护系统等多项功能，确保机床能够高效、稳定、安全地运行。

1. 电气驱动系统

电气驱动系统是机床电气系统的核心，它主要由电机、传动装置和驱动器等组成。电机作为动力源，通过驱动器接收来自控制系统的指令，驱动传动装置运动，从而带动机床的各个执行部件进行工作。根据机床的不同需求，电气驱动系统可以采用直流电机、交流电机、伺服电机等多种类型的电机。

在电气驱动系统中，驱动器的作用是将控制系统的指令转换为电机能够识别的电信号，从而控制电机的运行；驱动器需要具备高性能、高精度和高可靠性，以确保机床的稳定性和加工精度。

2. 控制系统

控制系统是机床电气系统的"大脑"，它负责接收来自操作面板、传感器等输入设备的信号，经过处理后发出控制指令，驱动电气驱动系统执行相应的动作。控制系统通常包括中央处理器 (CPU)、存储器、输入 / 输出模块、通信接口等部分。

在控制系统中，中央处理器是核心部件，它负责执行控制程序，对输入信号进行处

理和计算，并发出控制指令；存储器用于存储控制程序、数据表和参数等信息；输入 /
输出模块用于连接外部设备和控制系统，实现数据的传输和交换；通信接口用于实现控
制系统与其他系统之间的通信和数据交换。

此外，控制系统还具备故障检测和报警功能。当机床出现异常情况时，控制系统能
够迅速检测并发出报警信号，提醒操作人员及时采取措施，避免事故的发生。

3. 监测与保护系统

监测与保护系统是机床电气系统的重要组成部分，它负责对机床的运行状态进行
实时监测与保护。监测与保护系统通常包括温度监测、电流监测、电压监测、过载保
护、短路保护等功能。温度监测可以实时掌握机床各部件的温度情况，防止因过热而
引发的故障；电流和电压监测则用于实时监测机床的电气参数，确保其在正常范围内
运行；过载保护和短路保护则能够在机床出现异常情况时迅速切断电源，保护机床免
受损坏。

2.1.2 机床电源系统

机床电源系统是机床电气系统的基础，它负责为机床提供稳定、可靠的电力供应。
机床电源系统性能的优劣直接影响机床的稳定运行和加工精度。

1. 机床电源系统的组成

机床电源系统主要由供电电源、电源分配网络、电源保护装置、电源监控与报警系
统等部分组成。

1) 供电电源

供电电源是机床电源系统的起点，它通常由外部电网提供电能。为了确保机床的稳
定运行，供电电源应满足电压稳定、电流充足、频率准确等要求。在实际应用中，机床
通常采用三相交流供电电源，其电压等级和频率根据机床的具体需求而定。

2) 电源分配网络

电源分配网络将供电电源提供的电能分配给机床的各个用电设备。电源分配网络
通常由开关、熔断器、电缆等组成，其设计应充分考虑机床用电的需求、安全性和可
维护性。

3) 电源保护装置

电源保护装置是机床电源系统的重要组成部分，它能够在电源系统出现故障时迅速
切断电源，保护机床免受损坏。常见的电源保护装置包括过流保护器、过压保护器、欠
压保护器、短路保护器等。

4) 电源监控与报警系统

电源监控与报警系统用于实时监测机床电源系统的运行状态，通常由监控仪表、传
感器、报警装置等组成，能够实时显示电源系统的电压、电流、频率等参数，并在电源
系统出现故障时发出声光报警信号，提醒操作人员及时采取应对措施。

2.机床电源系统的设计原则

在设计机床电源系统时，应遵循安全性、可靠性、灵活性、可维护性等原则，如表 2-1 所示。

表 2-1　机床电源系统的设计原则

设计原则	主 要 内 容
安全性原则	确保电源系统的安全性是首要原则，因此，在设计中应充分考虑电源系统的过载、短路、过压、欠压等故障情况，并采取相应的保护措施
可靠性原则	电源系统应具有较高的可靠性，能够长时间稳定运行，因此，在设计中应选用高质量的元器件和设备，并进行充分的测试和验证
灵活性原则	电源系统应具有一定的灵活性，能够适应不同机床的用电需求，因此，在设计中应充分考虑机床的用电特点，并合理设计电源分配网络
可维护性原则	电源系统应便于维护和检修，因此，在设计中应合理布置电源元器件和设备，并设置易于操作的开关和熔断器

3.机床电源系统的维护与管理

为了确保机床电源系统的稳定运行，应定期对电源系统进行检查和维护，具体内容如表 2-2 所示。

表 2-2　机床电源系统的维护内容

序号	主 要 内 容
1	检查电源系统的接线是否牢固、电缆是否老化或破损
2	检查电源保护装置是否正常工作，如果有故障，则应及时更换
3	定期检查电源监控与报警系统的运行情况，确保其能够准确监测和报警
4	定期对电源系统进行清洁和除尘，保持其良好的散热性能

2.1.3　三相交流电源

三相交流电主要用于输电、配电和电力拖动等，在机床等工业领域广泛应用。

1.三相交流电源的基本概念

三相交流电源是由三个频率相同、振幅相等、相位依次互差 120°电角度的交流电势组成的电源。这种电源由三相交流发电机产生，每一绕组连同其外部回路称为一相，分别记以 L1、L2、L3；三个相位的交流电具有相同的频率。

2.三相交流电源的绕组接线方式

星形接法 (Y 形接法) 和三角形接法 (△形接法) 是三相交流电源供电系统中常见的

两种绕组接线方式。

1) 星形接法 (Y 形接法)

(1) 概述：星形接法是将三相交流电源的三个绕组的末端连接在一起，形成一个公共点 O，然后从每个绕组的首端 L1、L2、L3 引出三条端线。这个公共点 O 通常称为中性点，如图 2-1 所示。

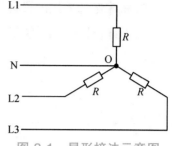

图 2-1　星形接法示意图

(2) 电压与电流的关系：线电压 (即任意两根相线之间的电压) 等于相电压的 $\sqrt{3}$ 倍 (超前或滞后 30°)。例如，在常见的 380/220 V 系统中，线电压为 380 V，相电压为 220 V；相电流与线电流相等。

(3) 应用场景：星形接法常用于低电压、小功率的场合，例如，家庭用电和某些小型机床。由于中性点可以引出作为中性线 (零线)，因此可以提供单相电源。

2) 三角形接法 (△ 形接法)

(1) 概述：三角形接法是将三相电源的每相绕组依次首尾相连，形成一个封闭的三角形结构。此时，每个绕组的两个端点都与其他两个绕组相连，并从三个连接点 (A、B、C) 引出三条相线，如图 2-2 所示。

(2) 电压与电流的关系：相电压等于线电压，线电流等于相电流的 $\sqrt{3}$ 倍。

图 2-2　绕组三角形接法示意图

(3) 应用场景：三角形接法常用于高电压、大功率的场合，例如，大型机床和工业生产线。由于三角形接法无须中性线，因此可以节省材料并简化接线。

在某些情况下，如电机启动时会先采用星形接法，以降低启动电流，待电机正常运行后再切换到三角形接法，以提高运行效率。

3. 三相交流电源的供电方式

三相交流电源的供电方式包括三相三线制、三相四线制、三相五线制，如图 2-3、图 2-4 所示。尽管它们各自具有不同的特点和适用范围，但是都具有高效、稳定和可靠的优点。在选择三相交流电源时，需要根据具体的应用场景和需求来选择合适的供电方式。

三相三线制供电方式没有中性线，具有较好的电力传输效率和负载均衡能力。在三相三线系统中，负载被平衡地分布在三个相位之间，通过合理规划和设计，使得每个相

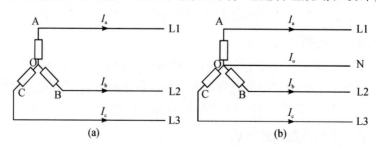

图 2-3　三相三线制、三相四线制供电方式

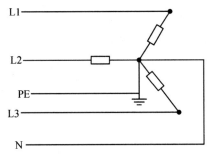

图 2-4　三相五线制供电方式

位所负载的功率基本相等。这样既可以减少电力线路的过载和损耗，又能提高整个系统的效率和可靠性。三相三线系统特别适用于高功率负载，如电动机、变压器等。

与三相三线制供电方式相比，三相四线制供电方式增加了一条中性线，用于传输不平衡负载的电流部分。中性线的电压接近于零，因此可以将不平衡负载的绝大部分电流引入中性线，避免影响其他相位的正常运行。三相四线制供电方式适用于大多数低压电力系统。在三相四线制供电方式中，没有独立的地线设置，地线需要通过中性线回流至输电侧。

三相五线制供电方式相较于三相四线制供电方式，增加了一条独立的地线。中性线用于传输不平衡负载的电流部分，而独立的地线则用于将电流的故障部分通过地线回流至输电侧，提供额外的安全保障。独立设置的地线可以有效防止电流引起的触电事故，提高系统的安全性。三相五线制供电方式广泛应用于大型工业设备、建筑施工现场等场所。

三种供电方式的特点如表 2-3 所示。

表 2-3　三相供电方式的特点

供电方式	定　义	特　点
三相三线制	三相三线制供电方式是指不引出中性线的星型接法和三角形接法	该系统中没有中性线，只有 3 根相线 (L1、L2、L3)，常用于电力系统高压架空线路，适用于三相对称负载，如三相异步电动机
三相四线制	三相四线制供电方式由 3 根相线和 1 根中性线组成	有中性线，可以提供单相电源，适用于不平衡负载
三相五线制	三相五线制供电方式由 3 根相线 (L1、L2、L3)、1 根中性线 (N)、1 根地线 (PE) 组成	地线提供额外的安全保护，防止电击和故障电流，适用于大型电机、变压器供电和其他大功率负载

说明：中性线 (N)：用于返回电流的线路，也用于提供单相负载的电力供应。

地线 (PE)：用于安全接地，保护人员和设备免受电击和故障电流的影响。

综上所述，三相三线制供电方式无中性线，适用于高压和对称负载；三相四线制供电方式有中性线，提供单相电源，广泛应用于低压系统；三相五线制供电方式在三相四线制供电方式基础上增加了地线，安全性更高，适用于大功率和高安全要求场合。

4. 机床三相交流电源供电的注意事项

在机床三相交流电源供电系统中，应根据设备的用电需求和电源系统的特点来选择合适的电线规格和接线方式。在机床运行过程中，应保持三相电流的负载均衡，避免某一相电流过大或过小导致设备故障。

2.1.4　三相异步电动机

三相异步电动机 (Triple-phase asynchronous motor) 是感应电动机的一种。电动机的转子与定子旋转磁场以相同的方向、不同的转速旋转，转子的转速低于旋转磁场的转速，存在转差率，转子绕组因与磁场间存在着相对运动而产生电动势和电流，并与磁场相互作用产生电磁转矩，实现能量变换，所以叫三相异步电动机。

1. 三相异步电动机的结构

三相异步电动机主要由定子 (定子铁芯、定子绕组)、转子、机座、端盖及其他部件组成，实物与内部结构如图 2-5 所示。

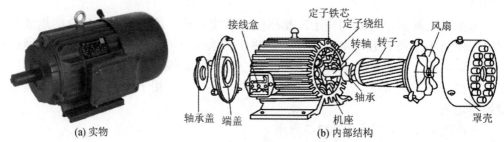

(a) 实物　　　　　　　　　　　　　　　　(b) 内部结构

图 2-5　三相异步电动机实物与内部结构

三相异步电动机的符号如图 2-6 所示。

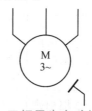

图 2-6　三相异步电动机的符号

2. 三相异步电动机的工作原理

当三相异步电动机接入三相交流电源时，三相定子绕组流过三相对称电流产生三相磁动势 (定子旋转磁动势) 并产生旋转磁场。

该旋转磁场与转子导体有相对切割运动，根据电磁感应原理，转子导体产生感应电动势并产生感应电流。根据电磁力定律，载流的转子导体在磁场中受到电磁力作用，形成电磁转矩，驱动转子旋转，当电动机轴上带机械负载时，便向外输出机械能。

3. 三相异步电动机的参数

三相异步电动机的参数及其含义如表 2-4 所示。深入理解三相异步电动机参数的意义，对于电动机的选型、设计、安装、运行、维护等各个环节均起着重要作用。

表 2-4　三相异步电动机的参数及其含义

参数	含　义
额定功率	表示电动机在额定电压下的转轴输出功率
额定电压	表示电动机正常工作时加在定子绕组端的电压。按规定，三相异步电动机的额定电压等级有 380 V、3000 V、6000 V、10000 V 等
额定电流	表示电动机在额定工作状态下运行时，流过定子绕组的线电流
额定频率	表示电动机允许接入的交流电源频率
功率因数	指电动机在额定工作状态下运行时输出的有功功率与输入视在功率的百分比
绝缘等级	指电动机绕组在正常状态下工作时，绕组允许超出环境温度值
额定转速	指电动机在额定工作条件下，转子的每分钟转数，单位为 r/min

4. 三相异步电动机的分类

在机床电气设计中，工程师们应根据具体的应用需求和电动机的分类特点进行综合分析，选择最合适的电动机类型。这不仅有助于提高机床的性能和可靠性，还能降低维护成本、延长使用寿命。三相异步电动机一般为系列产品，其系列、品种、规格繁多，因而分类也较繁多，其基本的分类如表 2-5 所示。

表 2-5　三相异步电动机的分类

分类	具 体 类 型
按电动机尺寸大小分类	大型电动机：定子铁心外径 $D>1000$ mm，机座中心高 $H>630$ mm； 中型电动机：$D=500\sim1000$ mm，$H=355\sim630$ mm； 小型电动机：$D=120\sim500$ mm，$H=80\sim315$ mm
按电动机转速分类	① 恒转速电动机有普通笼型、特殊笼型 (深槽式双笼式、高启动转矩式) 和绕线型； ② 调速电动机是指配有换向器的电动机，一般采用三相并励式的绕线转子电动机 (转子控制电阻、转子控制励磁) ③ 变速电动机有变极电动机、单绕组多速电动机、特殊笼型电动机和转差电动机等
按机械特性分类	① 普通笼型异步电动机适用于小容量、转差率变化小的恒速运行的场所，如鼓风机、离心泵、车床等低启动转矩和恒负载的场合； ② 深槽笼型适用于中等容量、启动转矩比普通笼型异步电动机稍大的场所； ③ 双笼型异步电动机适用于中、大型笼型转子电动机，启动转矩较大，但最大转矩稍小，适用于传送带、压缩机、粉碎机、搅拌机、往复泵等需要启动转矩较大的恒速负载； ④ 特殊双笼型异步电动机采用高阳抗导体材料制成，特点是启动转矩大、最大转矩小、转差率较大，可实现转速调节，适用于冲床、切断机等设备； ⑤ 绕线转子异步电动机适用于启动转矩大、启动电流小的场所，如传送带、压缩机、压延机等设备

续表一

分类	具体类型	
按电动机防护形式分类	IP 防护	定义：IP 防护是指电动机的外壳和机座的防护等级，其中，"I"表示电动机的防尘等级，"P"表示电动机的防水等级。 常见 IP 等级及应用如下： IP20 是指电机外壳对大于 12.5 mm 的固体物体有保护，但不保护对液体和误触电的保护，适用于嵌入式安装，如在机箱内等； IP44 是指电机外壳对大于 1 mm 的固体物体和水滴有保护，可以防止直径大于 1 mm 的物体和倾斜的喷水从任何方向喷向电机，适用于室外和潮湿环境； IP54 是指电机外壳防护等级较高，可以防止雾和喷溅的水，适用于较湿润或更脏的环境，如建筑现场； IP67 是指电机完全封闭，可以在短时间内防水，还可以在 1 m 的水深下浸泡 30 min，适用于较恶劣的环境，如船舶和野外
按电动机防护形式分类	IC 防护	定义：IC 防护是指电动机使用过程中的安全等级，IC 防护等级越高，电动机越安全。 常见 IC 等级及应用如下： IC411 适用于通用工业用途； IC416 适用于易燃易爆场合等高危环境
	ID 防护	定义：ID 防护是指电动机的配电柜和控制柜防护等级。 常见 ID 等级及应用如下： ID30 适用于普通工业用途； ID40 适用于具有高防护等级要求的场合，如化工等
	IS 防护	定义：IS 防护是指在易燃易爆环境下使用时电动机的安全等级，IS 防护等级越高，电动机在使用过程中的安全性越高； 常见 IS 等级：ISB、ISD 等，其中 ISB 等级的电动机适用于基本要求的场合，ISD 等级的电动机适用于要求较高的场合
	其他防护形式	开启式：无专门防护结构的电动机，主要用于干燥、无尘、无腐蚀气体的环境； 防护式：具有防护罩或其他防护结构的电动机，能防止水滴、砂粒等异物进入电动机内部，适用于较潮湿、多尘、有腐蚀性气体的环境； 封闭式：电动机机壳密封，与外界隔绝，适用于潮湿、多尘、腐蚀性气体较多的环境； 防爆式：在电动机内部可能产生爆炸性混合物的环境中使用的电动机，具有特殊的防爆结构和安全措施； 密封式：电动机机壳完全密封，与外界完全隔绝，适用于水下或特殊腐蚀性环境

分类	具 体 类 型
按电动机冷却方式分类	电动机按冷却方式可分为自冷式、自扇冷式、他扇冷式等
按电动机安装形式分类	IMB3：卧式，机座带底脚，端盖上无凸缘； IMB5：卧式，机座不带底脚，端盖上有凸缘； IMB35：卧式，机座带底脚，端盖上有凸缘
按电动机运行工作制分类	S1：连续工作制； S2：短时工作制； S3 ~ S8：周期性工作制
按转子结构形式分类	三相笼型异步电动机； 三相绕线型异步电动机

5. 三相异步电动机的型号含义

电动机的铭牌通常包括电动机型号、额定功率、额定电压、额定电流、频率、额定转速等内容，如表 2-6 所示。铭牌信息对于选择、安装和维护电动机非常重要，使用者应仔细阅读铭牌信息，确保正确使用和操作电动机。

表 2-6　交流异步电动机的铭牌信息

项　目	内　容
电动机型号	标明电动机的型号，用于识别和区分不同型号的电动机
额定功率	表示电动机的额定功率，单位通常为千瓦 (kW)
额定电压	表示电动机的额定电压，单位伏特 (V)
额定电流	表示电动机的额定电流，单位通常为安培 (A)
频率	表示电动机的额定工作频率，通常为 50 Hz
额定转速	表示电动机的额定转速，单位通常为转 / 分钟 (r/min)
绝缘等级	表示电动机的绝缘等级，用于标识电动机的绝缘性能
冷却方式	表示电动机的冷却方式，常见有自然冷却和强迫风冷等
重量	表示电动机的重量，单位通常为千克 (kg)
制造商信息	包括电动机的制造商名称、地址、联系方式等

电动机型号通常由字母和数字组成，其含义如图 2-7 所示。某型号的电动机铭牌如图 2-8 所示，该电机额定功率为 4.0 kW、额定电流为 8.8 A、额定电压为 380 V、额定转速为 1440 r/min、噪声等级 (LW) 为 82 dB(噪声等级通常用 LW 值表示，LW 值的单位是 dB，LW 值越小，表示电动机运转时噪声越小)。

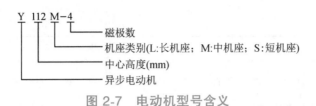

图 2-7 电动机型号含义

三相异步电动机				
型号 Y112M-4			编号	
功率 4.0kW			电流 8.8A	
电压 380V	转速 1440r/min			LW82dB
△连接	防护等级 IP44	50Hz		45kg
标准编号	工作制 S1	B 级绝缘		年 月
××××		电机厂		

图 2-8 某型号的电动机铭牌

6. 三相异步电动机的选用

在机床电气设计中，三相异步电动机的选用不仅直接关系到机床的运行效率、稳定性和安全性，还决定了机床在长期使用过程中的经济性和维护成本。

(1) 功率的选择。对于连续运行的电动机，所选功率应等于或略大于生产机械的功率；对于短时工作的电动机，允许在运行中有短暂的过载，故所选功率可等于或略小于生产机械的功率。

(2) 种类和形式的选择。一般应用场合应尽可能选用鼠笼式电动机，只有在需要调速、不能采用鼠笼式电动机的场合，才选用绕线式电动机。根据工作环境的条件选择不同的结构形式，如开启式、防护式、封闭式电动机。

(3) 电压和转速的选择。根据电动机的类型、功率，以及使用地点的电源电压来决定三相异步电动机的电压和转速。Y 系列鼠笼电动机的额定电压只有 380 V 等级；大功率电动机才采用 3000 V、6000 V 或更高。

2.2 机床常用低压电器

机床常用低压电器包括交流接触器、按钮开关、继电器等。

2.2.1 交流接触器

接触器 (Contactor) 是一种电气控制设备。交流接触器是利用电磁铁的电磁力来接通或分断大电流电路的一种低压电器，实现小电流控制大电流，可用于频繁地接通和分断较大负载。

1. 交流接触器的结构

交流接触器主要由触头系统、电磁系统、灭弧系统等构成，实物外形如图 2-9 所示，内部结构如图 2-10 所示，电气符号如图 2-11 所示。

图 2-9　交流接触器实物外形

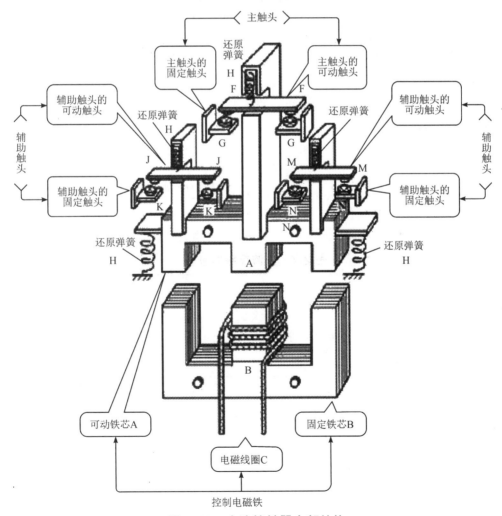

图 2-10　交流接触器内部结构

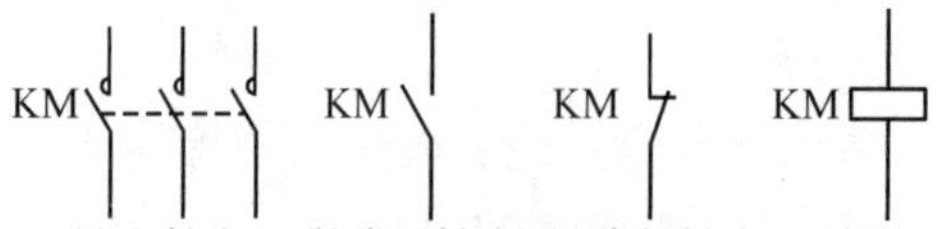

(a) 主触头　(b) 常开触头　(c) 常闭触头　(d) 线圈

图 2-11　交流接触器电气符号

交流接触器触头分为主触头和辅助触头。主触头串接在电动机的主回路中，通过的电流较大，一般由三对常开触头组成；辅助触头用于通断电流较小的控制电路，体积较小，一般由两对常开触头和两对常闭触头组成。所谓触头的常开和常闭，是指接触器未通电动作前触头的原始状态。

2. 交流接触器的工作原理

交流接触器的工作原理基于电磁力与弹簧弹力的配合，实现触头的接通和分断。交流接触器有两种工作状态：失电状态 (释放状态) 和得电状态 (动作状态)。当电磁线圈通电后，使固定铁芯产生电磁吸力，可动衔铁被吸合，与衔铁相连的连杆带动触头动作，使常闭触头断开，接触器处于得电状态；当吸引线圈断电时，电磁吸力消失，可动衔铁在还原弹簧作用下释放，使常开触头断开，所有触头随之复位，接触器处于失电状态。

交流接触器主触头在通断过程中会产生较强的电弧，因此主触头周边都配备有灭弧罩，灭弧罩将主触头分别隔离在独立的间隔中，依靠陶瓷绝缘并耐高温的特性，防止主触头之间因电弧而引起的相间短路。同时电弧和电弧产生的高温气流经由灭弧罩上预设的狭缝中排出，使接触器的接通与分断过程安全可靠。

3. 交流接触器的参数

在机床设计中，选择交流接触器时，需着重考虑其额定电压、额定电流、线圈额定电压、额定操作频率、动作值等关键参数，如表 2-7 所示。为确保接触器能够安全可靠地运行，其额定电压必须大于或等于所控制负荷的额定电压；同时，考虑到电动机启动时的电流冲击，交流接触器的额定电流应大于电动机的额定电流，并需根据电动机的启动特性 (如启动电流为额定电流的 4 ～ 7 倍) 进行适当选择。

表 2-7　交流接触器参数

参数	说　　明
额定电压	指主触头的额定工作电压，交流有 220 V、380 V 和 660 V 等，直流主要有 110 V、220 V 和 440 V 等
额定电流	指主触头的额定工作电流
线圈额定电压	指电磁线圈的额定工作电压，交流有 36 V、220 V 和 380 V 等，直流有 24 V、48 V、220 V 等。注意：线圈额定电压与主触头工作电压不一定相同
额定操作频率	指每小时允许的操作次数，有 300 次、600 次、1200 次等
动作值	指吸合电压和释放电压，规定加在电磁线圈上的电压大于线圈额定电压的 85% 时应可靠吸合，加在电磁线圈上的电压小于线圈额定电压的 70% 时应可靠释放

此外，交流接触器的线圈额定电压通常为 220 V 或 380 V，为确保接触器能够正常动作，加在线圈两端的电压必须与其额定电压相符。任何电压过高或过低的情况都可能影响接触器的正常工作，甚至损坏设备。因此，在实际应用中，需严格遵循相关标准和规范，确保电气系统的安全和稳定。

4. 交流接触器的分类

1) 按负荷种类分

交流接触器按负荷种类一般分为一类、二类、三类和四类，分别记为 AC1、AC2、AC3 和 AC4。一类交流接触器对应的控制对象是无感或微感负荷，如白炽灯、电阻炉等；二类交流接触器用于绕线式异步电动机的启动和停止；三类交流接触器用于鼠笼式异步电动机的运转和运行中分断；四类交流接触器用于笼型异步电动机的启动、反接制动、反转和点动。

2) 按灭弧介质分

交流接触器按灭弧介质可分为空气式接触器、真空式接触器等，如图 2-12、图 2-13 所示。

图 2-12　空气式接触器　　　　　图 2-13　真空式接触器

一般来说，依靠空气灭弧的用于一般负载，而采用真空灭弧的常用在煤矿、石油、化工企业及一些特殊的场合。

3) 按有无触点分

交流接触器按有无触点可分为有触点接触器和无触点接触器。常见的接触器多为有触点接触器，而无触点接触器属于电子技术应用的产物。由于晶闸管导通时所需的触发电压很小，而且回路通断时无火花产生，因此可用于高操作频率的设备和易燃、易爆、无噪声的场合。

4) 按灭弧方法分

交流接触器常采用双断口电动灭弧、纵缝灭弧和栅片灭弧三种灭弧方法，用以消除主触头在分、合过程中产生的电弧，容量在 10 A 以上的接触器都有灭弧装置。

5. 交流接触器的型号

交流接触器产品型号包含接触器代号、设计序号等，如图 2-14 所示。例如，CJX2-16/22 的含义：C 表示接触器，J 表示交流，X 表示小型，2 为设计序号，16 表示额定工作电流，第一个 2 表示常开 (NO) 辅助触头有 2 对，第二个 2 表示常闭 (NC) 辅助触头有 2 对。

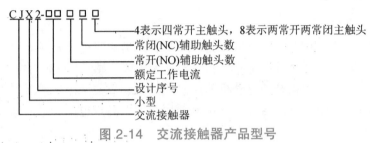

图 2-14　交流接触器产品型号

6. 交流接触器的选用原则

在机床电气设计中，交流接触器的性能优劣直接影响着机床的运行效率、安全性和可靠性。交流接触器选用有以下 7 个基本原则。

(1) 正确选择接触器的极数。

(2) 选择主电路的参数，包括额定工作电压、额定工作电流、额定通断能力和耐受过载能力等。

(3) 选择合适的控制电路参数。

(4) 选择合适的电寿命和使用类别。

(5) 对于电动机用接触器，需要根据电动机运行的情况来分别考虑。例如风机、水泵类负载，可按 AC3 类别来选用交流接触器；对于可逆的电动机，由于其反向运转、点动和反接制动时接通电流可达 8 倍额定电流以上，因此要按 AC4 类别来选用交流接触器。

(6) 电热设备可按 AC1 类别来选用，接触器的额定电流大于或等于 1.2 倍电热装置的额定电流即可。

(7) 由于电容器的充电电流可达 1.43 倍额定电流，因此选用切换电容器接触器时，要按 1.5 倍电容器额定电流来考虑。

2.2.2　按钮开关

按钮开关作为一种电气控制元件，用于调控电流的通断。该装置通常由机械开关部分和相应的电气元件构成，可通过人工手动操作或外部控制信号触发其动作。按钮开关的核心功能是：根据操作指令在电路中实现电流的接通、断开或路径的切换，进而对电气设备的运行状态进行精准控制。这种元器件广泛应用于各种电气系统中，是电气控制领域不可或缺的重要组件。

1. 按钮开关的结构

按钮开关不直接去控制主回路的通断，而是在控制电路中发出"指令"，去控制接触器、断路器等电器，再由它们去控制主回路。按钮开关的实物及内部结构如图 2-15 所示；按钮开关的电气符号如图 2-16 所示。

(a) 实物　　(b) 内部结构

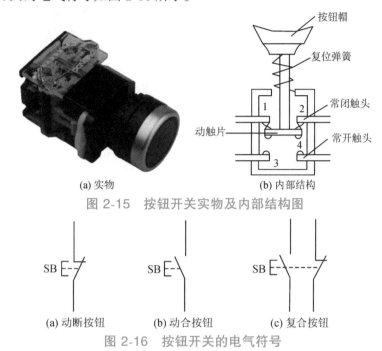

图 2-15　按钮开关实物及内部结构图

(a) 动断按钮　　(b) 动合按钮　　(c) 复合按钮

图 2-16　按钮开关的电气符号

2. 按钮开关的工作原理

每一个按钮都具有一对常闭触头、一对常开触头和一个动触片 (为导体)，如图 2-16(b) 所示，手动按下按钮帽 (绝缘体)，动触片向下运动，使常闭触头 (1 和 2) 之间先断开，紧接着常开触头 (3 和 4) 之间通过动触片接通、闭合；松手后在复位弹簧的作用下，动触片复位，即常开触头 (3 和 4) 之间先断开，紧接着常闭触头 (1 和 2) 之间后闭合。

3. 按钮开关的参数

在机床电气设计中，常用按钮开关的主要参数如表 2-8 所示。

表 2-8　常用按钮开关的主要参数

型号	结构形式	触头对数 (副)		按钮数	按钮颜色
		常开	常闭		
LA2	元件	1	1	1	黑、绿、红
LA10-2K	开启式	2	2	2	黑、绿、红
LA10-3K	开启式	3	3	3	黑、绿、红
LA10-2H	保护式	2	2	2	黑、绿、红
LA10-3H	保护式	3	3	3	红、绿、红
LA18-22J	元件 (紧急式)	2	2	1	红

续表

型号	结构形式	触头对数（副）		按钮数	按钮颜色
		常开	常闭		
LA18-44J	元件（紧急式）	4	4	1	红
LA18-66J	元件（紧急式）	6	6	1	红
LA18-22Y	元件（钥匙式）	2	2	1	本色
LA18-44Y	元件（钥匙式）	4	4	1	本色
LA18-22X	元件（旋钮式）	2	2	1	黑
LA18-44X	元件（旋钮式）	4	4	1	黑
LA18-668	元件（旋钮式）	6	6	1	黑
LA19-11J	元件（紧急式）	1	1	1	红
LA19-11D	元件（带指示灯）	1	1	1	红、绿、黄

4. 按钮开关的分类

通过合理设计和应用不同类型的按钮开关，可以实现机床设备的精准控制和高效运行。

(1) 如果只将常开触头接入电路，这个按钮称为启动按钮或常开按钮。按下按钮常开触点导通。

(2) 如果只将常闭触头接入电路，这个按钮称为停止按钮或常闭按钮。按下按钮常闭触头断开。

(3) 如果将常开、常闭两对触头都接入电路，这个按钮称为复合按钮。按下按钮，常闭断开，常开再接通。

(4) 带有指示灯的按钮开关有两种信号构成。按钮开关为输入信号，负责控制；指示灯为输出信号，负责指示。

5. 按钮开关的型号含义

电气按钮开关的型号及含义如图 2-17 所示。

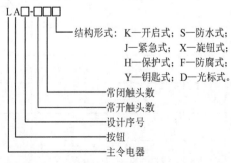

图 2-17　低压电气按钮的型号及含义

6. 按钮开关的选用

电气按钮的选用，需要考虑以下因素：

(1) 根据使用场合，选择合适的按钮型号。例如，嵌装在操作面板上的按钮可选用开启式；需要显示工作状态的可选用光标式；需要防止人员误操作的重要场合宜用钥匙操作式；在有腐蚀性气体处选用防腐式。

(2) 按工作状态指示灯和工作情况的要求，选择按钮开关指示灯的颜色。

(3) 根据控制回路的需要，确定按钮的触头形式和触头的组数。

(4) 考虑电流和电压要求，选择按钮的通电流和耐电压能力。

知识链接

在了解了按钮开关的相关知识后，有必要对其他开关做一些简单描述。

(1) 紧急停止开关。紧急停止开关通常为红色按钮开关，具有明显的标识，用于紧急情况下迅速切断电源，保障操作人员和设备的安全，实物如图 2-18 所示。

图 2-18   紧急停止开关

(2) 组合开关。组合开关是一种结构紧凑的手动开关，又叫手动转换开关，共有六个静触头和三个动触头，静触头的一端固定在胶木边框内，另一端伸出盒外，并附有接线螺钉，以便和电源及用电器相连接。组合开关实物及电气符号如图 2-19 所示。在机床电气控制中，组合开关经常作电源引入开关，可以用于直接启动 5.5 kW 以下小功率鼠笼式交流异步电动机，或用作正、反转换开关等，也可以控制局部照明线路。

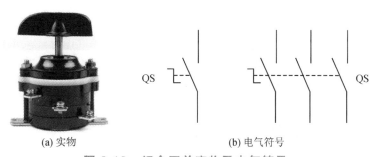

(a) 实物   (b) 电气符号

图 2-19   组合开关实物及电气符号

(3) 行程开关。行程开关又称位置开关或限位开关，其内部结构除了比按钮开关多一个储能弹簧以外，其他结构、工作原理与按钮开关基本相同。由于储能弹簧的作用，行程开关从一对触头断开过渡到另一对触头闭合用时极短，能保证电路及时动作，可以将工件限制在一定范围内运动。其实物与电气符号如图 2-20 所示。

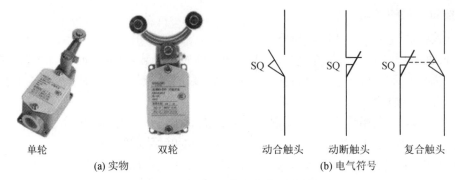

| 单轮 | 双轮 | 动合触头 | 动断触头 | 复合触头 |

(a) 实物　　　　　　　　　　　　　　(b) 电气符号

图 2-20　行程开关实物与电气符号

2.2.3　继电器

在机床电气控制电路中，继电器被广泛采用，其本质功能在于利用较小的控制电流实现对较大负载电流的有效控制，从而实现电路的自动化开关操作。

在进行机床电气设计时，为确保继电器的稳定运行，其工作电压应与电源电压相等或相近。在特殊情况下，当电路的电源电压达到继电器工作电压的 80% 时，继电器仍能正常工作，但应避免电源电压超过继电器的额定工作电压，以免损坏继电器线圈。

在选择继电器时，需根据所控制电路的特性来确定触点的数量和形式。同时，需考虑触点控制电路中电流的种类、电压及电流大小来选定触点的容量。触点容量的大小直接反映了触点承受电压和电流的能力，因此，应确保触点的负载不超过其容量限制，以保证电路的稳定性和安全性。

1. 中间继电器

中间继电器的工作原理和交流接触器相同，用于接通或断开控制电路，实现转换信号、放大信号（改变信号电压）、传递信号和过渡信号。其实物与电气符号如图 2-21 所示，文字符号用"KA"表示。如果交流接触器的触头数目不够用，可同时并联一个或几个中间继电器补充触头。

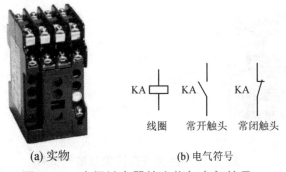

| KA 线圈 | KA 常开触头 | KA 常闭触头 |

(a) 实物　　　　　　　　(b) 电气符号

图 2-21　中间继电器的实物与电气符号

2. 时间继电器

时间继电器一般用于以时间为函数的电动机启动过程控制，其实物与电气符号如图 2-22 所示，文字符号用"KT"表示。

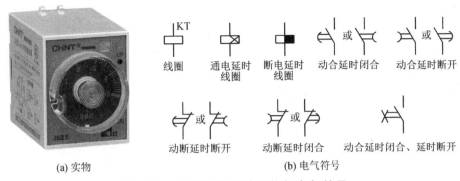

(a) 实物　　　　　　　　　　　　(b) 电气符号

图 2-22　时间继电器的实物与电气符号

时间继电器的工作原理是，当加入 (或去掉) 输入的动作信号后，其输出电路需经过规定的准确时间才产生跳跃式变化 (或触头动作)。时间继电器广泛应用于遥控、通信、自动控制等电子设备中，是最主要的控制元件之一。

3. 电流继电器

电流继电器分为过电流继电器和欠电流继电器两种，其电磁线圈与主回路直接串联，从而实现主回路电流的直接监测与控制，文字符号用 "KI" 表示。随着主回路电流的增大或减小，电流继电器线圈所产生的磁力也相应发生变化。

过电流继电器的电气符号如图 2-23 所示，其线圈设计具有较大的截面积及相对较少的匝数，相当于一个可自动修复的快速熔断器。过电流继电器不直接断开主回路，而是利用其辅助触头断开交流接触器线圈的电源，实现主回路断开。

欠电流继电器的电气符号如图 2-24 所示。当负载电流过小 (欠电流) 时，欠电流继电器线圈产生的引力会减小，当减小到不足以吸引住与触头系统相连的动衔铁时，继电器衔铁产生运动，并发出指令 (常开触头断开、常闭触头闭合)，电路作相应的动作。

　线圈　　常开触头　常闭触头　　　　　　　　线圈　　常开触头　常闭触头

图 2-23　过电流继电器电气符号　　　图 2-24　欠电流继电器电气符号

在选择电流继电器时，对于小容量直流电动机和绕线转子异步电动机，所选电流继电器的电流整定值与电动机的最大工作电流相等；对于启动频繁的异步电动机，所选电流继电器的电流整定值略大于电动机的最大工作电流。

4. 电压继电器

电压继电器分为过电压继电器和欠电压继电器两种，其电磁线圈与主回路并联，线圈截面积较小、匝数较多 (6000 匝左右)。电压继电器一般有 4 对常开辅助触头，4 对常闭辅助触头，在电路中文字符号用 "KV" 表示。

过电压继电器是指当负载电压过大时，并联在主回路里的过电压继电器的电磁系统收到过电压信号 (电磁铁的引力大到足够吸引与触头系统相连的动衔铁)，然后继电器动作并发出指令 (常开触头闭合、常闭触头断开)，电路作相应的动作，其电气符号如

图 2-25 所示。

　　欠电压继电器是指当负载电压过小时，并联在电路里的欠电压继电器的电磁系统收到欠电压信号 (电磁铁的引力小到不足以吸引与触头系统相连的动衔铁，触头系统在复位弹簧作用下复位)，然后继电器发出指令 (常开触头断开、常闭触头闭合)，电路作相应的动作，电气符号如图 2-26 所示。

图 2-25　过电压继电器电气符号　　　　图 2-26　欠电压继电器电气符号

5. 热继电器

热继电器用于对电动机进行过载保护，其实物及电气符号如图 2-27 所示。

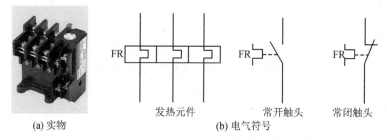

(a) 实物　　　　　　　　(b) 电气符号

图 2-27　热继电器实物及电气符号

　　热继电器的内部结构如图 2-28 所示。电动机过载时，过载电流使绕在双金属片 (一半为铜片，另一半为镍铁合金片，并铆在一起) 上的加热元件发热，双金属片因为受热而向镍铁合金片一侧弯曲，使传动机构推动两对触头动作，实现过流保护。三相电源中若有一相断路，则该相电流为零，该相双金属片不会受热弯曲；另两相电流相等且比平常运行电流要大，这两相双金属片迅速弯曲，通过机械方式将这三相双金属片变形的不平衡性作用于触发机构上，使其迅速动作，实现断相保护。

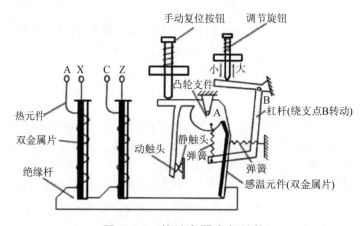

图 2-28　热继电器内部结构

　　热继电器投入使用前，必须对热继电器的整定电流进行调整，以保证热继电器的整定电流与被保护电动机的额定电流匹配。对于一般电动机，热继电器额定电流整定值应大于或等于电动机的额定电流；对于过载能力较差的电动机，电流整定值应等于或者略小于电动机的额定电流。

　　例如，对于一台 10 kW、380 V 的电动机，额定电流为 19.9 A，可使用 JR20-25 型热继电器，发热元件整定电流为 17 ～ 21 ～ 25 A。先按一般情况整定在 21 A，若发现经常动作，而电动机温升不高，可将整定电流改至 25 A 继续观察；若在 21 A 时，电动机温升高，而热继电器滞后动作，则可改在 17 A 观察，以得到最佳的配合。

6. 继电器的选用

　　在进行机床电气设计时，为了确保继电器的稳定运行，其工作电压应与电源电压相等或相近。在特殊情况下，当电路的电源电压达到继电器工作电压的 80% 时，继电器仍能正常工作，但应避免电源电压超过继电器的额定工作电压，以免损坏继电器线圈。

　　在选择继电器时，需根据所控制电路的特性确定触点的数量和形式。同时，需考虑触点控制电路中电流的种类、电压及电流大小来选定触点的容量。触点容量的大小直接反映了触点承受电压和电流的能力，因此，应确保触点的负载不超过其容量限制，以保证电路的稳定性和安全性。

知识链接

　　管形接插端子外形如图 2-29 所示。管形接插端子型号、规格如表 2-9 所示。

图 2-29　管形接插端子

表 2-9　管形接插端子型号、规格

型号	允许导线的截面积 /mm²	L/mm	B/mm	Φ_c/mm	Φ_d/mm	最大电流 /A	颜色
CE02508	0.2	12	8	0.7	1.9	3	淡蓝
CE05008	0.5	14	8	1.0	2.6	8	枯黄
CE007508	0.75	14	8	1.2	2.8	10	白色

续表

型号	允许导线的截面积 /mm²	L/mm	B/mm	Φ_c/mm	Φ_d/mm	最大电流 /A	颜色
CE015010	1.5	16	10	1.7	3.5	19	红色
CE025008	2.5	14	8	2.2	4.2	27	蓝色
CE025010	2.5	16	10	2.2	4.2	27	蓝色
CE040010	4.0	17	10	2.8	4.8	37	灰色
CE060012	6.0	20	12	3.5	6.3	48	绿色
CE0100012	10	22	12	4.5	7.6	62	象牙色
LT2-07508	2*0.75	15	8	1.8	2.8/5.0	10	灰色
LT2-15008	2*1.5	16	8	2.3	3.6/6.6	27	黑色

注：L 为管形端子的长度，B 为管形端子的宽度，Φ_c 为管型端子压线金属端内径，Φ_d 为管型端子绝缘端内径。

全绝缘片形端子外形如图 2-30 所示，其型号、规格如表 2-10 所示。

图 2-30　全绝缘片形端子

表 2-10　全绝缘片形端子的型号、规格

型号	允许导线截面积 /mm²	B/mm	W/mm	L/mm	H/mm	Φ_d/mm	Φ_D/mm	最大电流 /A	颜色
FF250F	0.5 ～ 1.6	6.8	9.6	23.5	10	1.8	3.7	10	红色
EF250F	1.0 ～ 2.6	6.8	9.6	23.5	10	2.3	4.3	15	蓝色
YF250F	2.6 ～ 6.6	6.8	9.6	24	11	3.5	5.4	24	黄色

注：B 为端子插接端金属部分内部宽度，W 为端子插接端绝缘部分内部宽度，L 为端子的整体长度，H 为端子压线端金属管的长度，Φ_d 为端子压线端金属管内径，Φ_D 为端子压线端绝缘层内径。

圆形预绝缘端子如图 2-31 所示，其型号、规格如表 2-11 所示。

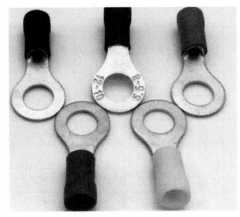

图 2-31　圆形预绝缘端子

表 2-11　圆形预绝缘端子的型号、规格

型号	允许导线截面积 /mm²	H/mm	L/mm	B/mm	Φ_d/mm	Φ_D/mm	最大电流 /A	颜色
TVRI.25-3	0.5～1.6	10.6	17.7	5.5	3.7	4.0	19	红色
TVRI.25-4	0.5～1.6	10.6	21.9	8.0	4.3	4.0	19	红色
TVRI.25-5	0.5～1.6	10.6	21.9	8.0	5.3	4.0	19	红色
TVRI.25-6	0.5～1.6	10.6	27.8	11.6	6.4	4.0	19	红色
TVR2-4	1.0～2.6	10.7	22.7	8.5	4.3	4.7	27	蓝色
TVR2-5	1.0～2.6	10.7	22.7	9.5	5.3	4.7	27	蓝色
TVR5.5-5	4.6～6.6	13.6	26.6	9.5	5.3	6.2	48	黄色
TVR5.5-6	4.6～6.6	13.6	32.6	12.0	6.4	6.2	48	黄色
TVR5.5-8	4.6～6.6	13.6	34.8	15.0	8.4	6.2	48	黄色

注：红色端子厚度为 0.75 mm，蓝色端子厚度为 0.8 mm，黄色端子厚度为 1.05 mm。

叉形预绝缘端子如图 2-32 所示，其型号、规格如表 2-12 所示。

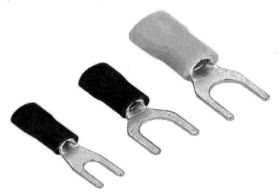

图 2-32　叉形预绝缘端子

表 2-12 叉形预绝缘端子的型号、规格

型号	允许导线截面积 /mm²	H/mm	L/mm	B/mm	Φ_d/mm	Φ_D/mm	最大电流 /A	颜色
TVS1.25-3	0.5～1.6	10.6	22.0	5.5	5.7	4.0	19	红色
TVSL.25-3S	0.5～1.6	10.6	22.0	8.0	5.7	4.0	19	红色
TVSI.25-4S	0.5～1.6	10.6	22.0	8.0	6.4	4.0	19	红色
TVS2-3S	1.0～2.6	10.7	22.0	11.6	5.7	4.7	19	红色
TVS2-4S	1.0～2.6	10.7	22.0	8.5	6.2	4.7	27	蓝色
TVS2-4W	1.0～2.6	10.7	22.0	9.5	7.2	4.7	27	蓝色
TVS5.5-4	4.6～6.6	13.6	26.5	9.5	8.2	6.2	48	黄色

注：红色端子厚度为 0.75 mm，蓝色端子厚度为 0.8 mm，黄色端子厚度为 1.05 mm。

2.3 机床电气控制线路设计

在机床电气系统中，三相笼型异步电动机是最常用的动力源之一，其控制电路的设计及电力拖动方案的制定直接关系到机床的运行效率、安全性和可靠性。

2.3.1 三相异步电动机控制电路

三相异步电动机控制电路的基础知识主要介绍点动控制、直接启动控制、正反转控制等功能的实现原理和方法。

1) 点动控制

三相异步电动机点动控制电路原理图如图 2-33 所示。启动过程：按下 SB → KM 因线圈得电而吸合 → KM 主触头闭合 → 电动机 M 得电运行。停止过程：松开 SB → KM

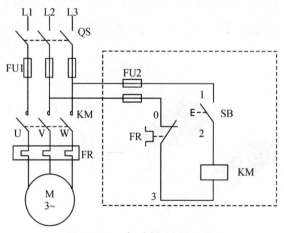

图 2-33 点动控制原理图

因线圈失电而释放→ KM 主触头断开→电动机 M 失电停止。

2) 直接启动控制

在三相电动机启动时，将电源电压全部加在定子绕组上的启动方式称为全压启动，也称为直接启动。

全压启动时，电动机的启动电流可达到电动机额定电流的 4 ～ 7 倍。容量较大的电动机启动电流对电网具有很大的冲击，将严重影响其他用电设备的正常运行。对于小型台钻和砂轮机，以及小容量电动机，可用负荷开关直接启动，如图 2-34 所示，也可通过接触器直接启动，如图 2-35 所示。

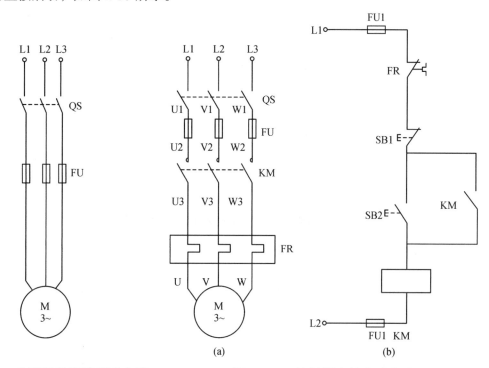

图 2-34　负荷开关直接启动电路　　　　图 2-35　接触器直接启动电路

3) 正反转控制

电动机正反转控制应用极广，例如，工件往返运行、开门与关门等。在生产实践中主要采用接触器来控制电动机的正反转运行。为了保证线路的安全性，需要加联锁机构，联锁的方式有接触器联锁、按钮联锁、接触器和按钮双重联锁。正反转控制电路的原理如图 2-36 所示。

启动前，合上开关 QS，按下 SB2，KM1 线圈得电，结果 1 是 KM1 常闭辅助触头断开，联锁；结果 2 是 KM1 常开辅助触头闭合，自锁；结果 3 是 KM1 主触头闭合，接通电动机主回路。由结果 2 和结果 3 的共同作用，电动机正向运行。

按下 SB1，KM1 线圈失电，结果 1 是 KM1 常开辅助触头断开，解锁；结果 2 是 KM1 主触头断开，断开电动机主回路。由结果 1 和结果 2 的共同作用，电动机停止正转，同时 KM1 常闭辅助触头复位，为 KM2 得电做准备。

按下 SB3，KM2 线圈得电，结果 1 是 KM2 常闭辅助触头断开，联锁；结果 2 是

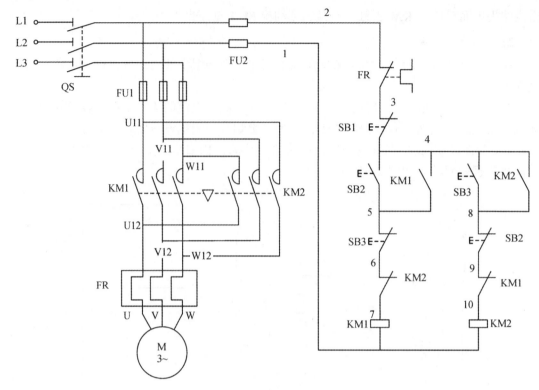

图 2-36　正反转控制电路原理图

KM2 常开辅助触头闭合，自锁；结果 3 是 **KM2** 主触头闭合，接通电动机主回路。由结果 2 和结果 3 的共同作用，电动机反向运行。

电动机的正反转控制过程应为启动、正转、停止、反转、停止、……一般不能使电动机从正转直接变为反转或由反转直接变为正转，以免电动机损坏或缩短使用寿命。

4) 星形-三角形减压启动控制

电动机启动过程中，若启动电压低于额定电压，则称为降压启动。当电动机的视在功率超过变压器容量的 8% 或电动机功率达到 30 kW 以上时，必须采用减压启动控制。其中，星形-三角形减压启动是常用的方法，即在启动时采用星形联结，待电动机达到正常转速后，切换至三角形联结，实现全压运行。星形-三角形减压启动电路原理如图 2-37 所示。

当合上开关 Q 时，时间继电器 KT1 得电动作，为启动做准备。

按下启动按钮 SB2，接触器 KM1、时间继电器 KT2、接触器 KM3 同时得电并吸合，KM1 的常开触头闭合并自锁，电动机作 Y 形启动。

当 KT2 延时到规定时间时，电动机转速也接近稳定时，时间继电器 KT2 的延时断开常闭触头断开，KM3 断电并释放，同时 KT2 的延时闭合常开触头闭合，使中间继电器 KA 得电动作，其常闭触头断开使 KT1 断电释放，同时 KA 的常开触头闭合。

当 KT1 断电时，到达延时时间 (0.5～1 s) 后，其延时闭合常闭触头闭合，KM2 才得电动作，电动机转换为三角形连接运转。时间继电器的动作时间可根据电动机的容量及启动负载大小进行调整。

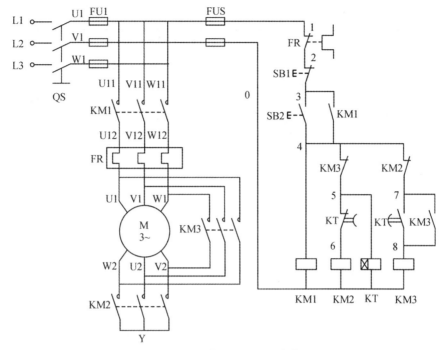

图 2-37　星形－三角形降压启动电路原理图

2.3.2　电力拖动系统的设计

电力拖动系统的设计应根据机床的工作特点、电动机类型及工艺要求等因素综合考虑。首先需要明确机床的工作性质，例如，对于连续工作、负载稳定的机床，通常可以选择结构简单、运行可靠的拖动系统；而对于频繁启动、制动和正反转的机床，则需要选择具有快速响应和良好调速性能的拖动系统。

在拖动系统的选择上，常见的有三种方式：单独拖动、集中拖动和分组拖动。单独拖动适用于单台电动机驱动的机床，结构简单、控制方便；集中拖动则适用于多台电动机驱动的机床，通过集中控制实现各电动机之间的协调运行；分组拖动则是将多台电动机按照功能或工艺要求分成若干组，每组电动机由一台或多台变频器等调速装置进行控制，以实现更灵活的调速和控制。

1. 电动机的选型

电动机进行选型时，必须充分考虑机床的负载要求、转速匹配及工作环境等因素，如表 2-13 所示。

表 2-13　电动机选型时的考虑因素及说明

考虑因素	具 体 说 明
负载要求	电动机的额定功率应大于或等于机床在工作过程中所需的最大功率，以确保电动机在负载下能够稳定运行
转速匹配	电动机的额定转速应与机床的工作转速相匹配，以减少传动机构中的能量损失和机械磨损

续表

考虑因素	具 体 说 明
工作环境	根据机床的工作环境选择电动机的类型，例如，在高温、潮湿、多尘等恶劣环境下，应选择具有相应防护等级的电动机
性价比	在满足技术性能要求的前提下，应尽量选择性价比高的电动机，并确保其具有良好的可靠性和维护性

根据机床的负载特性和工作要求，合理确定电动机的额定功率、转速和转矩等参数，如表 2-14 所示。

表 2-14　电动机选型时考虑的内容及说明

内容	具 体 说 明
确定负载特性	分析机床在工作过程中的负载变化情况，包括负载的大小、变化频率及负载类型 (如恒转矩负载、恒功率负载等)
计算所需功率	根据机床的负载特性和工作要求，计算电动机所需的最大功率，这通常涉及对机床的力学分析、运动学分析和动力学分析等方面的知识
选择电动机类型	根据机床的负载特性和工作环境，选择合适的电动机类型，常见的电动机类型包括三相笼型异步电动机、伺服电动机、步进电动机等，不同类型的电动机具有不同的性能特点和适用范围，应根据具体情况进行选择
确定电动机参数	在选定电动机类型后，需要确定电动机的具体参数，包括额定功率、额定转速、额定电压、额定电流等，这些参数应根据机床的负载特性和工作要求进行选择和计算
校验电动机性能	在选定电动机类型和参数后，应对电动机的性能进行校验，这包括校验电动机的过载能力、启动性能、调速性能等，如果电动机的性能不能满足要求，则需要重新选择或调整电动机的参数

电动机选型时的其他注意事项如表 2-15 所示。

表 2-15　电动机选型时的注意事项

注意事项	具 体 说 明
电动机的启动性能	电动机的启动性能直接影响机床的启动时间、启动电流及电网的稳定性，因此在选型时应充分考虑电动机的启动性能，并采取相应的措施来减小启动电流和缩短启动时间
电动机的调速性能	对于需要调速的机床，电动机的调速性能是一个重要的指标，在选型时应选择具有良好调速性能的电动机，并设计合理的调速方案
电动机的可靠性	电动机的可靠性直接关系到机床的稳定运行和使用寿命，在选型时应选择具有良好可靠性和维护性的电动机，并加强对电动机的维护和保养

电动机选型的要求如下：

(1) 对于一般无特殊调速指标要求的机床，应优先采用笼型异步电动机。

(2) 对于要求调速的机床，应根据调速技术要求，如调速范围、调速平滑性、调速级数和机械特性硬度来选择电力拖动方案。额定负载下，若调速级数 $d = 2 \sim 4$(其中 $d = n_{max}/n_{min}$)，一般采用可变极数的双速或多速笼型异步电动机；若调速级数 $d = 3 \sim 10$，且要求平滑调速时，在容量不大的情况下，则应采用带滑差电磁离合器的笼型异步电动机拖动方案；若调速级数 $d = 10 \sim 100$，则可采用晶闸管直流或交流调速拖动方案。

(3) 电动机的调速性质应与负载特性相适应。调速性质是指在整个调速范围内转矩和功率与转速的关系，有恒功率和恒转矩输出两种。以车床为例，其主运动需要恒功率传动，进给运动则要求恒转矩传动。若采用双速笼型异步电动机，当定子绕组由三角形改为双星形连接时，转速由低速升为高速，而功率却增加很少，适用于恒功率传动。但当定子绕组由低速的星形连接改为双星形连接时，转速和功率都增加一倍，而电动机输出转矩却保持不变，适用于恒转矩传动。

2. 电动机的保护

电动机的保护设计不仅能确保电动机在异常情况下安全停运，避免设备损坏和人员伤害，还能有效延长电动机的使用寿命，降低维护成本，保证生产连续性。

(1) 短路保护。短路电流会引起电气设备绝缘损坏或产生强大的电动力，使电气设备损坏，因此必须迅速切断电源。常使用熔断器和断路器两种元件进行保护。熔断器短路时自动熔断，适用于准确度和自动化程度较差的系统中。断路器具有短路、过载和欠压保护，能三相同时切断，用于要求较高的场合。

(2) 过载保护。电动机长期超载运行，温升超允许值，绝缘材料会变脆，使电机寿命减少或损坏，常使用热继电器进行保护。热继电器在额定电流时不动作，过载时动作，动作时间与过载电流大小有关。过载保护不能代替短路保护(因有热惯性的作用)。一般来讲，熔断器的额定电流不应大于热继电器的额定电流的 4 倍。

(3) 零电压与欠电压保护。零电压保护是为防止电流断电后恢复时电动机自行启动的保护，常用接触器的辅助触头自锁来实现。欠电压保护是在电源电压降到一定允许值以下时将电源切断。

(4) 弱磁保护。直流电动机的转速与其磁场强度密切相关。当磁场突然减弱或消失时，甚至可能达到危险的"飞车"状态。

3. 线路设计

精心设计的线路布局和参数配置，能够确保电流的稳定传输，可以显著降低机床电气系统故障发生的风险，从而保障设备的安全运行。

(1) 对于正反转控制方式，应防止误操作引起的电源相间短路，必须在控制线路中采取互锁保护的措施。

(2) 必须注意主线路中熔断器保护、过载保护、过流保护及其他安全保护等元器件的选择与设置。主线路与控制线路应保持严格的对应关系。

(3) 应尽量避免许多电器依次动作才能接通另一个电器的现象。

(4) 在设计控制线路时，继电器、接触器以及其他电器的线圈一端统一接在电源的同一侧，使所有电器的触点在电源的另一侧。这样当某一电器的触点发生短路故障时，不至于引起电源短路，同时安装接线也方便。

(5) 交流电器线圈不能串联使用。两个交流电器的线圈串联使用时，由于吸合的时间不尽相同，只要有一个电器吸合动作，线圈上的电压降增大，从而使另一电器的线圈得不到所需要的动作电压。

(6) 在控制线路中，应尽量减少触点，以提高线路的可靠性。在简化、合并触点过程中，着眼点应放在同类性质触点的合并，或一个触点能完成的动作不用两个触点。在简化过程中注意触点的额定电流是否允许，也应考虑对其他回路的影响。

(7) 在设计控制线路时应考虑各种联锁关系，以及电气系统具有的各种电气保护措施，例如过载、短路、欠压、零位、限位等保护措施；还应考虑有关操纵、故障检查、检测仪表、信号指示、报警以及照明等要求。

2.4 机床电气图纸识读

机床电气图用于阐述机床电路的工作原理，描述电气产品的构成和功能，可用以指导各种电气设备、电气电路的安装接线、运行、维护和管理。

2.4.1 机床用电气符号

机床用电气符号主要包括两大类：图形符号和文字符号。

1. 图形符号

在机床电气设计中，用图形符号可以直观地表示机床电气系统中的各种设备和元件。机床图形符号如表 2-16 所示。

表 2-16 机床图形符号

内容	具体说明
电源符号	用于表示直流电源和交流电源，如电池、发电机、变压器等，这些符号通常具有特定的形状和标识，以便于区分不同类型的电源
开关符号	用于表示各种开关设备，如断路器、隔离开关、负荷开关等，通常包括操作手柄、触点等元素，以表示开关的操作方式和状态
控制符号	用于表示各种控制元件，如继电器、接触器、按钮等，通常具有特定的功能标识，如线圈、触点等，以表示控制元件的工作原理和功能
指示符号	用于表示各种指示灯和信号装置，如指示灯、蜂鸣器等。在机床设备中，指示灯通常具有醒目的颜色和形状，以便在复杂电气系统中被快速识别
电机符号	用于表示各种类型的电动机，如交流电动机、直流电动机等，通常包括电机本体、转子、定子等元素，以表示电机的结构和工作原理

通常，图形符号是按未得电、无外力作用的"自然状态"绘制的。例如，开关未合闸；继电器、接触器的线圈未得电，其被驱动的常开触点处于断开位置，而常闭触点处于闭合位置；断路器和隔离开关处于断开位置；带零位的手动开关处于零位位置，不带零位的手动开关处于图中规定的位置等。

图形符号尺寸大小、线条粗细依国家标准可放大与缩小；但是，在同一张图样中，同一符号的尺寸应保持一致，各符号间及符号本身比例保持不变。图形符号可根据图面布置的需要旋转或成镜像放置，但文字和指示方向不得倒置。在电气图中占重要位置的各类开关和触点，当符号呈垂直形式布置时，应左开右闭；当符号呈水平形式布置时，应下开上闭。开关和触点符号的放置方向如图 2-38 所示。

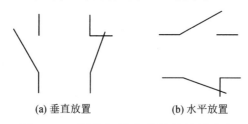

(a) 垂直放置   (b) 水平放置

图 2-38 开关和触点符号的放置方向

2. 文字符号

在机床电气系统中，通过特定的字母、数字或缩写等文字符号，可以描述和标识机床电气系统中的各个组件、设备和功能。文字符号的组合形式遵循一定的规范，电气系统中的每个组件、设备和功能都具有唯一的标识，技术人员据此可以快速地定位和理解各个部分的功能和工作原理。

文字符号的组合一般采用"基本文字符号 + 辅助文字符号 + 数字序号"的格式。例如"KT1"代表电路图中首个时间继电器，而"FU2"则用于标识电路中第二个熔断器。

1) 基本文字符号

基本文字符号主要表示电气设备、装置和元器件的种类。用拉丁字母将各种电气设备、装置和元器件分为 20 多类，每一大类用一个大写字母表示，如表 2-17 所示。例如，用"S"表示控制电路的开关，用"K"表示继电器、接触器类等。

表 2-17 电气技术中常用的字母符号

符号	设备或装置类别	设备或装置名称
A	组件、部件	分立元件放大器、磁放大器、激光器、微波发射器、印制电路板、调节器、集成电路放大器，本表中其他地方未提及的组件、部件
B	变换器 (从非电量到电量呈相反)	热电传感器、热电池、光电池、测功计、晶体换能器、送话器、扬声器、耳机、旋转变压器、测速发电机、速度变换器、压力变换器、温度变换器
C	电容器	电容器

续表

符号	设备或装置类别	设备或装置名称
D	二进制单元、延迟器件、存储器件、门电路	数字集成电路和器件、延迟线、双稳态元件、单稳态元件、磁芯存储器、寄存器、磁带记录机、盘式记录机、与门、与非门、或门
E	杂项	光器件、热器件、本表中其他地方未提及的元器件
F	保护器件	熔断器、避雷器、过电压放电器件
G	发电机电源	旋转发电机、旋转变频机、电池、振荡器、石英晶体振荡器
H	信号器件	光指示器、声响指示器、指示灯
K	继电器、接触器	—
L	电感器、电抗器	感应线圈、线路陷波器、电抗器 (并联和串联)
M	电动机	—
N	模拟元件	运算放大器
P	测量设备、试验设备	信号发生器
Q	电力电路的开关	断路器、隔离开关
R	电阻器	电位器、变阻器、可变电阻器、热敏电阻、测量分流器
S	控制电路的开关	控制开关、按钮开关、选择开关、限位开关
T	变压器	电压互感器、电流互感器
U	调制器、交换器	鉴频器、解调器、变频器、编码器、逆变器、变流器、电报译码器
V	电真空器件、半导体	电子管、气体放电管、晶体管、晶闸管、二极管
W	绕组传输通道、波导、天线	励磁绕组、转子绕组、导线、电缆、母线、偶极天线、抛物面天线
X	端子、插头、插座	插头和插座、端子板、连接片、电缆封端和接头测试插孔
Y	电气操作的机械装置	制动器、离合器、气阀
Z	终端设备、滤波器均衡器、限幅器	电缆平衡网络、压缩扩展器、晶体滤波器

2) 辅助文字符号

电气设备、装置和元器件的功能、状态和特征用辅助文字符号表示。通常用表示功能、状态和特征的英文单词的前一位或前二位字母构成，也有采用缩略语或约定俗成的习惯用法构成的，一般不能超过 3 位字母。例如，表示"启动"，采用"START"的前两位字母"ST"作为辅助文字符号；而表示"停止 (STOP)"的辅助文字符号必须再加一个字母，为"STP"。

辅助文字符号也可放在表示种类的单字母符号后边组合成双字母符号，此时辅助文字符号一般采用表示功能、状态和特征的英文单词的第一个字母。例如，"GS"表示同步发电机，"YB"表示制动电磁铁等。

3) 数字代码

数字代码主要有单独使用和组合使用两种情况。

数字代码单独使用时，表示各种电气元件、装置的种类或功能，需按序编号，还要在技术说明中对代码意义加以说明。例如，电气设备中有继电器、电阻器、电容器等，可用数字来代表电气元件的种类，例如，"1"代表继电器，"2"代表电阻器，"3"代表电容器；再如，开关有"开"和"关"两种功能，可以用"1"表示"开"，用"2"表示"关"。

将数字代码与字母符号组合起来使用，可以说明同一类电气设备、电气元件的不同编号。数字代码可放在电气设备、装置或电气元件的前面或后面，若放在前面应与文字符号大小相同，若放在后面应作为下标。例如，3 个相同的继电器可以表示为"1KA""2KA""3KA"或"KA$_1$""KA$_2$""KA$_3$"。

电路图中电气图形符号的连线处经常有数字，这些数字称为线号。线号是区别电路接线的重要标志（见图 2-36）。

4) 特殊文字符号

在电气图中，一些特殊用途的接线端子、导线等，通常采用一些专用的文字符号。例如，交流系统电源的第一相、第二相、第三相分别用文字符号 L1、L2、L3 表示；交流系统设备的第一相、第二相、第三相分别用文字符号 U、V、W 表示；直流系统电源的正极、负极分别用文字符号 L+、L- 表示；交流电、直流电分别用文字符号 AC、DC 表示；接地、保护接地、不接地保护分别用文字符号 E、PE、PU 表示。

一般情况下，绘制电气图及编制电气技术文件时，应优先选用基本文字符号、辅助文字符号以及它们的组合。基本文字符号不能超过 2 位字母，辅助文字符号不能超过 3 位字母。辅助文字符号可单独使用，也可将首位字母放在表示项目种类的单字母符号后面组成双字母符号。由于字母"I""O"易与数字"1""0"混淆，因此不允许用这两个字母作文字符号。文字符号一般标注在电气设备、装置和电气元件的图形符号上或其近旁。常见电气元件的图形符号和文字符号如表 2-18 所示。

表 2-18　常见电气元件的图形符号和文字符号

名称	图形符号	文字符号	名称	图形符号	文字符号
电动机	Ⓜ	M	热继电器	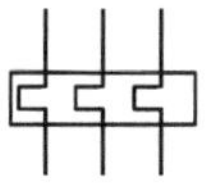	FR
电灯	⊗	EL	交流接触器	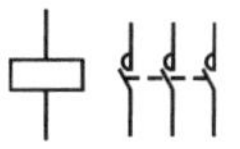	KM
避雷器		F	时间继电器		KT

续表

名称	图形符号	文字符号	名称	图形符号	文字符号
负荷开关		QL	中间继电器		KA
隔离开关		QS	空气开关		QF
按钮		SB	位置开关		SQ

3. 项目代号

在电气图制图中，通常用一个图形符号表示的基本件、部件、组件、功能单元、设备、系统等，都称为项目。项目的范围广泛，既涵盖大型系统（如电力系统、成套配电装置、发电机和变压器），也涵盖小型部件（如电阻器、端子和连接片等）。

项目代号作为电气技术领域内的一种标识，其主要功能在于标识图、表和设备上的项目种类，并提供项目的层次关系、种类、实际位置等信息。由于项目代号是以系统、成套装置或设备的逐步分解为基础进行编定的，建立了图形符号与实际物体之间一一对应的关系；因此，通过项目代号，我们可以方便地识别、查找各种图形符号所代表的电气元件、装置和设备，并确定它们之间的隶属关系和安装位置。

1) 项目代号的组成

项目代号由高层代号、位置代号、种类代号、端子代号根据不同场合的需要组合而成。一个完整的项目代号包括 4 个代号段，其名称及前缀符号如表 2-19 所示。

表 2-19　项目代号段及前缀符号

代号段	名称	前缀符号	代号段	名称	前缀符号
第一段	高层代号	=	第三段	种类代号	—
第二段	位置代号	+	第四段	端子代号	:

高层代号具有项目总代号的含义，但其命名是相对的。某些部分对其所属下一级项目就是高层。例如，电力系统对其所属的变电所，电力系统的代号就是高层代号；但对于该变电所中的某一开关（如高压断路器）的项目代号，则该变电所代号就为高层代号。

项目在组件、设备、系统或者建筑物中实际位置的代号，统称为位置代号。种类代号是用于识别所指项目属于什么种类的一种代号，是项目代号中的核心部分。项目（如成套柜、屏）内、外电路进行电气连接的接线端子的代号称为端子代号。

电气图中端子代号的字母必须大写。电器接线端子与特定导线（包括绝缘导线）相连接时，规定有专门的标记方法。例如，三相交流电器的接线端子若与相位有关系时，字母代号必须是 U、V、W，并且与三相交流电源 L1、L2、L3 一一对应。电器接线端子的标记如表 2-20 所示，特定导线的标记如表 2-21 所示。

表 2-20　电器接线端子的标记

电器接线端子的名称		标记符号	电器接线端子的名称	标记符号
交流系统设备	第 1 相	U	接地	E
	第 2 相	V	无噪声接地	TE
	第 3 相	W	机壳或机架	MM
中性线		N	等电位	CC
保护接地		PE		

表 2-21　特定导线的标记

导线名称		标记符号	导线名称	标记符号
交流系统电源	第 1 相	L1	保护接地	PE
	第 2 相	L2	不接地的保护接线	PU
	第 3 相	L3	保护接地线和中性线公用一线	PEN
中性线		N	接地线	E
直流系统电源	正	L+	无噪声接地线	TE
	负	L-	机壳或机架	MM
中间线		M	等电位	CC

2) 项目代号的应用

根据使用场合及详略要求的不同，在一张图上的某一项目不一定都有 4 个代号段。有的不需要知道设备的实际安装位置时，可以省略位置代号；当图中所有高层项目相同时，可省略高层代号。因此，一个项目代号可以由某一个代号段组成，也可以由几个代号段组成。通常，种类代号可以单独表示一个项目，而其余大多应与种类代号组合起来，才能较完整地表示一个项目。在不致引起误解的前提下，代号段的前缀符号也可以省略。

4. 回路标号

电路图中用来表示各回路种类、特征的文字和数字标号统称回路标号，其用途为便于接线和查线。回路标号按照"等电位"原则进行标注。等电位是指电路中连接在一点上的所有导线具有同一电位。

由电气设备的线圈、绕组、电阻、电容等电气元件分隔开的线段，应视为不同的线段，标注不同的回路标号。一般情况下，回路标号由 3 位或 3 位以下的数字组成。

以标号中的个位数字代表相别，如三相交流电源的相别分别用 1、2、3；以个位奇偶数区别回路的极性，如直流回路的正极侧用奇数、负极侧用偶数。以标号中的十位数字的顺序区分电路中的不同线段，以标号中的百位数字区分不同供电电源的电路，例如，直流电路中 A 电源的正、负极电路标号用 "101" 和 "102" 表示；B 电源的正、负极电路标号用 "201" 和 "202" 表示。电路中若共用同一个电源，则百位数字可以省略。

当要表明电路中的相别或某些主要特征时，可在数字标号的前面或后面增注文字符号，文字符号用大写英文字母，并与数字标号并列。在机床电气控制电路图中，回路标号实际上是导线的线号。

2.4.2 机床用电气图分类

机床进行安装和维修时，都需要依靠电气控制原理图和电气控制施工图，其中电气控制施工图又包括平面布置图和接线图，电工用图的分类及作用如表 2-22 所示。

表 2-22 电工用图的分类及作用

电工用图		概念	作用	图中内容
电气控制原理图		电气控制原理图是用国家统一规定的图形符号、文字符号和线条连接来表明各个电器的连接关系和电路工作原理的示意图	是分析电气控制原理、绘制及识读电气控制接线图和电气元件位置图的主要依据	包含电器元件、设备、线路的组成及连接关系
电气控制施工图	平面布置图	平面布置图是根据电气元件在控制板上的安装位置，采用简化的外形符号绘制的一种简图	主要用于电气元件的布置和安装	包含项目代号、端子号、导线号、导线类型、导线截面等
	接线图	接线图是用来表明电器设备或线路连接关系的简图	是安装接线、线路检查和线路维修的主要依据	包含元器件及其排列位置，以及各元器件之间的接线关系

1. 电气控制原理图

电气控制原理图 (原理图) 是根据生产机械运动形式对电气控制系统的要求，采用国家统一规定的电气图形符号和文字符号，按照电气设备和电器的工作顺序，详细表示电路、设备或成套装置的全部基本组成的连接关系，并能充分表达电气设备的用途、作用和工作原理，而不考虑其实际位置的一种简图。原理图是电气线路安装、调试和维修的理论依据。

原理图上将主回路画在一张图样的左侧；控制电路按功能布置，并按工作顺序从左到右或从上到下排列；辅助电路 (如信号电路) 与主回路、控制电路分开。在原理图上连接线、设备或元器件图形符号的轮廓线、可见轮廓线、表格用线都用实线绘制，一般一张图样上选用两种线宽。虚线是辅助用图线，可用来绘制屏蔽线、机械联动线、不可见轮廓线及连线、计划扩展内容的连线；点画线用于各种围框线；双点画线用作各种辅助围框线。电气原理图如图 2-39 所示。

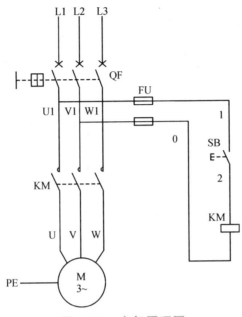

图 2-39　电气原理图

原理图用于描述电气控制线路的工作原理以及各电器元件的作用和相互关系，而不考虑各电路元件实际位置和实际连线情况的图。绘制和阅读电气原理图，一般应遵循以下规则。

原理图一般由主回路、控制电路和辅助电路三部分图形组成。主回路是指从电源到电动机绕组的大电流通过的路径；控制电路是指控制主回路工作状态的电路；辅助电路包括信号电路、照明电路及保护电路等。其中，信号电路是指显示主回路工作状态的电路；照明电路是指实现机械设备局部照明的电路；保护电路是指实现对电动机进行各种保护的电路。控制电路和辅助电路一般由继电器的线圈和触点、接触器的线圈和触点、按钮开关、照明灯、信号灯、控制变压器等电气元件组成，且这些电路通过的电流都较小。一般主回路用粗实线表示，画在左边 (或上部)，电源电路画成水平线，三相交流电源相序 L1、L2、L3 由上而下依次排列画出，经电源开关后用 U、V、W 后加数字标志。中线 N 和保护地线 PE 画在相线之下，而直流电源则是正端在上、负端在下画出；辅助电路用细实线表示，画在右边 (或下部)。

在原理图中，所有的电气元件都采用国家标准规定的图形符号和文字符号来表示。属于同一电器的线圈和触点，要用同一文字符号来表示。当使用相同类型的电器时，可在文字符号后加注阿拉伯数字序号来区分，例如，两个接触器用 1KM，2KM 表示，或用 KM1、KM2 表示。

在原理图中，同一电器的不同部件，常常不绘在一起，而是绘在它们各自完成作用的地方。例如，接触器的主触点通常绘在主回路中，而吸引线圈和辅助触点则绘在控制电路中，但它们都用 KM 表示。

在原理图中，所有的电器触点都按没有通电或没有外力作用时的常态绘出。例如，继电器、接触器的触点，按线圈未通电时的状态绘出；按钮开关、行程开关的触点按不受外力作用时的状态绘出等。

2. 平面布置图

电气元件平面布置图主要用来表明各种电气设备在机械设备上和电气控制柜中的实际安装位置，为机械电气控制设备的制造、安装、维修提供必要的资料。各电气元件的安装位置是由机床等设备的结构和工作要求决定的，例如，电动机要和被拖动的机械部件在一起，行程开关应放在要取得信号的地方，操作元件要放在操纵台及悬挂操纵箱等操作方便的地方，一般电器元件应放在电气控制柜内。

平面布置图是根据电气元件在控制板上的实际安装位置，采用简化的外形符号 (如正方形、矩形、圆形等) 而绘制的一种简图，如图 2-40 所示。它不表达各电器元件的具体结构、作用、接线情况以及工作原理，主要用于电气元件的布置和安装。图中各电器的文字符号必须与电气原理图和接线图的标注相一致。在绘制电气设备布置图时，所有能见到的及需要表示清楚的电气设备，均用粗实线绘制出简单的外形轮廓，其他设备 (如机床) 的轮廓用双点画线表示。机床电气元件平面布置图主要由机床电气设备布置图、控制柜及控制板电气设备布置图、操纵台及悬挂操纵箱电气设备布置图等组成。

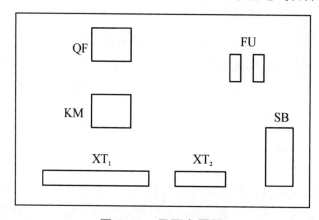

图 2-40　平面布置图

3. 接线图

接线图用来表示电气控制系统中各电气元件的实际安装位置和接线情况。一般包括元器件的相对位置、代号、端子号、导线号、导线类型、导线截面积、屏蔽及导线绞合等内容，如图 2-41 所示。在接线图中的元器件应采用简化外形 (如正方形、矩形、圆形等) 表示，必要时也可用图形符号表示，元器件符号旁应标注项目代号，并与电气原理图中的标注一致。

在接线图中的端子，一般用图形符号和端子代号表示，当用简化外形表示端子所在的项目时，可不画出端子符号，用端子代号格式及标注方法表示。

在接线图中的导线可用连续线和中断线来表示，导线、电缆等可用加粗的线条表示。

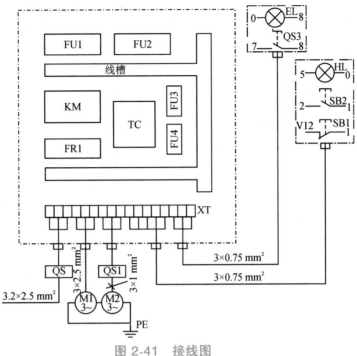

图 2-41 接线图

2.4.3 机床用电气图纸表示方法

掌握机床电气图纸基本表示方法有助于提高阅读和理解电气图纸的效率，更好地理解和分析电路图各组成部分的作用，分清主电路和辅助电路、交流回路和直流回路。

1. 电气元件表示方法

电气元件表示方法包括电气符号的布置方法和工作状态的表示方法两部分内容。

1) 电气符号的布置方法

具有机械连接关系的电气元件(如继电器、接触器的线圈和触点)，以及同一个设备的多个电气元件(如转换开关的各对触点)，可在图上采用集中布置、半集中布置、分开布置表示法。集中布置表示法是把电气元件、设备或成套装置中一个项目各组成部分的图形符号在电气图上集中绘制在一起的方法，各组成部分用机械连接线(虚线)连接，连接线必须是一条直线；此方法直观、整体性好，适用于简单图形。把一个项目的某些部分的图形符号，按作用、功能分开布置，并用机械连接符号表示它们之间关系的方法，称为半集中布置表示法。把一个项目图形符号的各部分，在电气图上分开布置，并仅用项目代号表示它们之间关系的方法，称为分开布置表示法；此法清晰、易读，适用于复杂图形。

以接触器 **KM** 的线圈和触点为例，集中布置图、半集中布置图和分开布置图如图 2-42 所示。无论采用哪种表示方法，图中给出的信息应等量，这是一条基本原则。

由于采用分开表示法的电气图省去了项目各组成部分的机械连接线，查找某个元件的相关部分比较困难。为了识别元件各组成部分或寻找在图中的位置，除重复标注项目

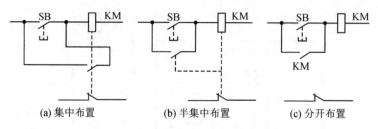

(a) 集中布置　　　　　(b) 半集中布置　　　　　(c) 分开布置

图 2-42　设备和元件的布置表示方法

代号外，还采用引入插图或表格等方法表示电气元件各部分的位置。

2) 工作状态的表示方法

电气元件的工作状态均按自然状态或自然位置表示。所谓"自然状态"或"自然位置"，即电气元件和设备的可动部分表示为未得电、未受外力或不工作状态或位置。

(1) 中间继电器、时间继电器、接触器和电磁铁的线圈处在未得电时的状态，即动铁芯没有被吸合时的位置，因而其触点处于还未动作的位置。

(2) 断路器、负荷开关和隔离开关在断开位置。

(3) 零位操作的手动控制开关在零位状态或位置，不带零位的手动控制开关在图中规定的位置。

(4) 机械操作开关、按钮开关和行程开关在非工作状态或不受力状态时的位置。

(5) 保护用电器处在设备正常工作状态时的位置。对热继电器是在双金属片未受热而未脱扣时的位置，对速度继电器是指主轴转速为零时的位置。

(6) 标有断开"OFF"位置的多个稳定位置的手动控制开关在断开"OFF"位置，未标有断开"OFF"位置的控制开关在图中规定的位置。

(7) 对于有两个或多个稳定位置或状态的其他开关装置，可表示在其中的任何一个位置或状态，必要时需在图中说明。

(8) 事故、备用、报警等开关在设备、电路正常使用或正常工作位置。

2. 电气元件标注方法

电气元件的技术数据 (如型号、规格、整定值等) 一般标注在其图形符号附近。当连接线为水平布置时，尽可能标注在图形符号的下方，如图 2-43(a) 所示；技术数据也可以标注在继电器线圈、仪表、集成电路等的方框符号或简化外形符号内，如图 2-43(b) 所示。生产机械电气控制电路图和电力系统电路图中，技术数据常用表格形式标注。

3. 连接线表示方法

电气图上各种图形符号之间的相互连线，统称为连接线。连接线可能是传输能量流、信息流的导线，也可能是表示逻辑流、功能流的某种特定的图线。

如图 2-44 所示，直线可用于表示单根导线、导线组、母线、总线等，并根据情况通过图线粗细，加图形符号及文字、数字来区分各种不同的导线。

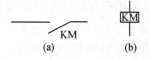

图 2-43　电气元件标注方法　　　　　图 2-44　导线一般表示方法

走向一致的元件间的一组连接线可用一条线表示，走向变化时再分开，有时还要标出根数。当用单根导线表示一组导线，若根数较少时，用斜线 (45°) 数量表示导线根数；若根数较多时，用一根小短斜线旁加注数字表示导线根数，如图 2-45 所示，图中 n 为正整数。

在某些情况下，如果需要表示电路相序的变更、极性的反向、导线的交换等，则可采用如图 2-46 所示的方法表示，该例表明 L1 相、L3 相换位。

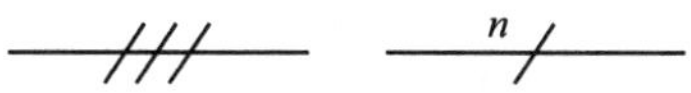

图 2-45　导线根数 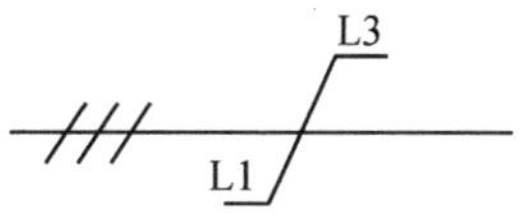　　　　　图 2-46　导线换位

主回路原理图、主接线图一般采用粗实线；辅助电路、控制电路图一般采用实线或细实线；母线通常比粗实线还宽 2 ～ 3 倍。

"T" 形连接点可加实心圆点 "•"，也可不加实心圆点，对 "+" 形连接点，则必须加实心圆点，如图 2-47、图 2-48 所示。

图 2-47　"T" 形连接点　　　　图 2-48　"+" 形连接点

4. 电路图表示方法

电路图通常有集中式和分开式两种表示方法。

1) 集中式表示法

把设备或成套装置中的一个项目各组成部分的复合图形符号，在简图上绘制在一起的方法，称为集中表示法。在集中表示法中，各组成部分用机械连接线 (虚线) 互相连接起来，连接线必须是一条直线，这种表示法只适用于简单的电路图。

如图 2-49 所示，电流继电器 KA 有一个线圈和两对触头；交流接触器 KM 有一个线圈和三对触头，它们分别用机械连接线联系起来，各自构成一体。

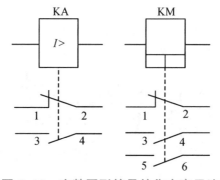

图 2-49　完整图形符号的集中表示法

2) 分开式表示法

分开式表示法又称展开表示法，它是把同一项目中不同部分 (用于有功能联系的元器件) 的图形符号，在简图上按不同功能和不同回路分散在图上，并使用项目代号 (文

字符号）表示它们之间关系的表示方法。不同部分的图形符号用同一项目代号表示，如图 2-50 所示。

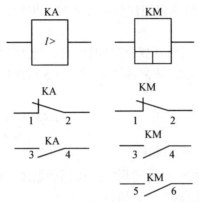

图 2-50　完整图形符号的分开表示法

分开表示法可使图中的点画线少，避免图线交叉，因而使图面更简洁清晰，而且给分析回路功能及标注回路标号也带来了方便。但是在看图中，要寻找各组成部分比较困难，必须综观全局图，把同一项目的图形符号在图中全部找出，否则，在看图时就可能会遗漏。为了看清元器件和设备各组成部分，便于寻找其在图中的位置，分开表示法可以与半集中表示法结合起来，或者采用插图、表格表示各部分的位置。

2.5　机床电气图纸绘制

掌握机床电气图纸绘制技巧，有助于理解和阐述机床电气的工作原理，提升空间想象力以及分析问题、解决问题的能力。

 ### 2.5.1　机床电气系统图分析

CA6140 型普通车床结构如图 2-51 所示，主要由床身、主轴箱、进给箱、溜板箱、方刀架、丝杠、光杠、尾架等部分组成。

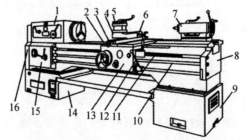

1—主轴箱；2—纵溜板；3—横溜板；4—转盘；5—方刀架；6—小溜板；7—尾架；
8—床身；9—右床座；10—光杠；11—丝杠；12—操纵手柄；13—溜板箱；
14—左床座；15—进给箱；16—挂轮箱。

图 2-51　CA6140 型普通车床结构

CA6140 型车床在企业中应用较广,有一定的代表性,其电气控制原理如图 2-52 所示。

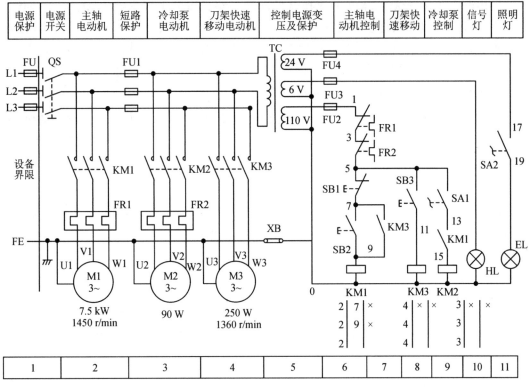

电源保护	电源开关	主轴电动机	短路保护	冷却泵电动机	刀架快速移动电动机	控制电源变压及保护	主轴电动机控制	刀架快速移动	冷却泵控制	信号灯	照明灯

图 2-52　CA6140 型车床电气控制原理图

1. 主回路分析

主回路中有 3 台电动机。主轴电动机 M1 为三相电动机,完成主轴主运动和刀具的纵横向进给运动的驱动。主轴采用机械变速,正反向运行由机械换向机构实现。冷却泵电动机 M2 提供冷却液,以防刀具和工件的温升过高。刀架快速移动电动机 M3 根据使用需要,手动控制启动或停止。电动机 M1、M2、M3 的容量都小于 10 kW,均采用全压直接启动方式。三相交流电源通过转换开关 QS 引入接触器 KM1 控制 M1 的启动和停止,接触器 KM2 控制 M2 的启动和停止,接触器 KM3 控制 M3 的启动和停止。KM1 由 SB1、SB2 控制,KM3 由 SB3 进行点动控制,KM2 由开关 SA1 控制。

M1、M2 为连续运动的电动机,分别利用热继电器 FR1、FR2 作过载保护;M3 为短期工作电动机,因此未设过载保护。熔断器 FU1 ～ FU4 分别对主回路、控制回路和辅助回路实行短路保护。

2. 控制回路分析

控制回路电源复用主回路的 L1、L2,经控制变压器 TC 降压输出 110 V。

1) 主轴电动机 M1 的控制

采用具有过载保护全压启动控制的典型电路。按下启动按钮 SB2,接触器 KM1 线圈得电吸合,其常开触点 KM1(7-9) 闭合自锁,KM1 的主触点闭合,主轴电动机 M1 启动。按下停止按钮 SB1,接触器 KM1 失电释放,主轴电动机 M1 停转。

2) 冷却泵电动机 M2 的控制

采用两台电动机 M1、M2 顺序控制的典型电路，可使主轴电动机 M1 启动或停止运行后冷却泵电动机 M2 随之启动或停止运行。主轴电动机 M1 启动后，接触器 KM1 得电吸合，其常开触点 KM1(13-15) 闭合，合上开关 SA1 后可使接触器 KM2 线圈得电吸合，冷却泵电动机 M2 启动。

3) 刀架快速移动电动机 M3 的控制

电动机 M3 采用点动控制。按下按钮 SB3，接触器 KM3 得电吸合，对电动机 M3 实施点动控制，电动机 M3 经传动系统驱动溜板带动刀架快速移动；松开按钮 SB3，接触器 KM3 失电，电动机 M3 停转。

4) 照明和信号电路

控制变压器 TC 的副绕组分别输出 24 V 和 6 V 电压，作为机床照明信号灯的电源。EL 为机床的低压照明灯，由开关 SA2 控制；HL 为电源的信号灯。

 2.5.2 机床电气 EPLAN 绘图

使用 EPLAN 软件绘制机床电控系统图纸的基本流程包括准备数据、创建项目、新建图纸页、导入部件等环节。下面以图 2-55 所示的 CA6140 型车床电气控制原理图为例，介绍 EPLAN 绘图设计过程。

1. 准备相关数据

图纸绘制之前，做好相关准备工作可以有效提高绘图效率，减少重复工作量。

根据 CA6140 型车床电气控制原理图整理相关信息，如表 2-23 至表 2-25 所示。

表 2-23 CA6140 型车床电气控制系统元器件信息表

元器件名称	元器件编号	制造商	技术参数	产品组
照明灯 HL	RIT. 4138140	Rittal	—	灯
信号灯 EL	CJEL.CJTD-1807Y	江阴长江	—	信号灯
热过载保护器 FR1、FR2	DELIXI. JR3616063	德力西	40～63 A	安全设备
三极断路器 QS	SE.LV432693	施耐德	690 V AC 50/60 Hz	安全设备
接触器 KM1～KM3	SIE.3RT2015-1BB41-1AA0	西门子	AC-3，3 kW/400 V，1S，DC 24 V	继电器，接触器
辅助触点	SIE.3RH2911-1FA22-0MA0	西门子	—	继电器，接触器
单极熔断器 FU2～FU4	SE.DFCC1	施耐德	30 A	安全设备
三极熔断器 FU1	SE.DFCC3	施耐德	30 A	安全设备

续表

元器件名称	元器件编号	制造商	技术参数	产品组
变压器 TC	ME.JBK3_160VA	—	220 V/110 V/24 V	变压器
按钮 SB1～SB3	SE.XB5AA45	施耐德	—	传感器，开关和按钮
转换开关 SA1、SA2	CHT.643000	正泰	—	传感器，开关和按钮
端子 X1、X2	PXC.3031212	菲尼克斯	—	端子
端子排 X1、X2	PXC.3022218	菲尼克斯	—	端子

表 2-24　导线线径选择数据参考表

额定电流 /A	线径 /mm²	额定电流 /A	线径 /mm²
0～8	1	65～85	25
8～12	1.5	85～115	35
12～20	2.5	115～150	50
20～25	4	150～175	70
25～32	6	175～225	95
32～50	10	225～250	120
50～65	16	250～275	150

注：参考 8PT 标准 (IEC60439-1)。

表 2-25　国家相关标准对导线颜色的规定

类别	名称	颜色	代号
交流电路电源	L1 相	黄色	YE
	L2 相	绿色	GN
	L3 相	红色	RD
	零线或中性线	蓝色	BU
	安全用保护接地	黄绿色	GNYE
直流电路电源	正极	棕色	BN
	负极	蓝色	BU

准备工作

2. 新建项目

在 EPLAN 中，项目是多种文档和数据的集合。工程实施中首先需要创建一个新项目，指定项目的名称、存储位置和其他相关信息。具体操作流程参见第 1 章。

1) 基本数据设置

单击"文件"菜单中的"新建"命令，打开"创建项目"对话框；在"项目名称"栏中输入"CA6140 型车床"，"保存位置"栏使用默认信息，"基本项目"栏选择项目模板文件"IEC_bas001.zw9"，如图 2-53 所示。根据项目实际需要，可勾选并修订"设置创建日期"和"设置创建者"等信息，然后单击"确定"按钮，完成项目创建工作。

图 2-53 "创建项目"对话框

2) 项目属性设置

在传统 CAD 绘图过程中，如要编辑项目或者图框中的信息和数据，需逐页进行。而在 EPLAN 中可以快速编辑项目属性，并在整个项目中自动完成更换，节省了大量重复劳动时间。

项目创建完成后，系统会自动弹出"项目属性"对话框。在"项目属性"对话框的"属性"选项卡下，设计者可根据需求添加或删除信息或数据，如图 2-54 所示。例如，在项目中添加"审核人"和"审核日期"等信息，删除"创建者：住所""环境因素"等信息，使信息名称满足现有项目需求及报表和图框标题栏中的数据调用。

在"项目属性"对话框的"结构"选项卡下，设计者可选择页结构类型。例如，选择"高层代号、位置代号和文档类型"，如图 2-55 所示。最后单击"确定"按钮，完成项目属性设置工作。

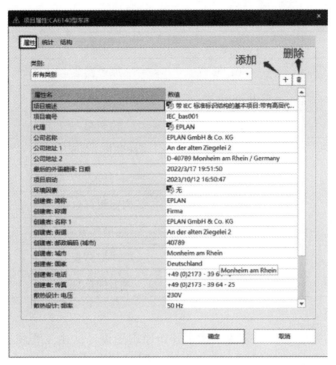

图 2-54　"项目属性"对话框的"属性"选项卡

图 2-55　"项目属性"对话框的"结构"选项卡

3) 项目结构设置

结构标识符预设数据如表 2-26 所示。

表 2-26　结构标识符预设数据

项目代号	结构标识符	结构描述	表格
高层代号	01	原理图	—
	Reports	报表	—
位置代号	A1	控制箱	—
文档类型	AAA1	标题页 / 封页	F26_001
	AAB1	目录	F06_001
	ADB1	结构标识符总览	F24_001
	EMA3	连接列表	F27_002
	EPA1	部件汇总表	F02_002
	EMA1	端子排总览	F14_002

3. 新建图纸页

项目结构规划完成之后，需要新建页开始原理图设计。由工程图纸分析可知，车床电控系统分为主回路和控制回路，首先新建主回路的图纸页。EPLAN 软件通过页导航器来管理图纸页，在页导航器中可以集中查看和编辑项目中的图纸页及属性。

菜单栏处单击"页"选择"导航器"命令，打开页导航器，在页导航器内右键单击"项目"选择"新建页"命令，在弹出的"新建页"对话框内点击"完整页名"栏后的"…"，打开"完整页名"对话框，如图 2-56 所示。单击"高层代号"和"位置代号"栏后的"…"，在打开的对话框中选择提前设置好的高层代号和位置代号，得到完整页名"=01+A1/1"，"页类型"栏选择"多线原理图 (交互式)"，"页描述"栏填写"主回路"，如图 2-57 所示。单击"应用"按钮，完成新建"主回路"页。注意：页名是通过对高层代号和位置代号的选择进行设置的。

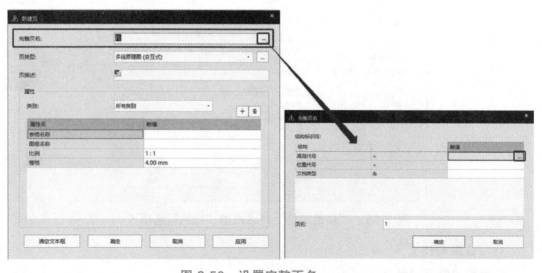

图 2-56　设置完整页名

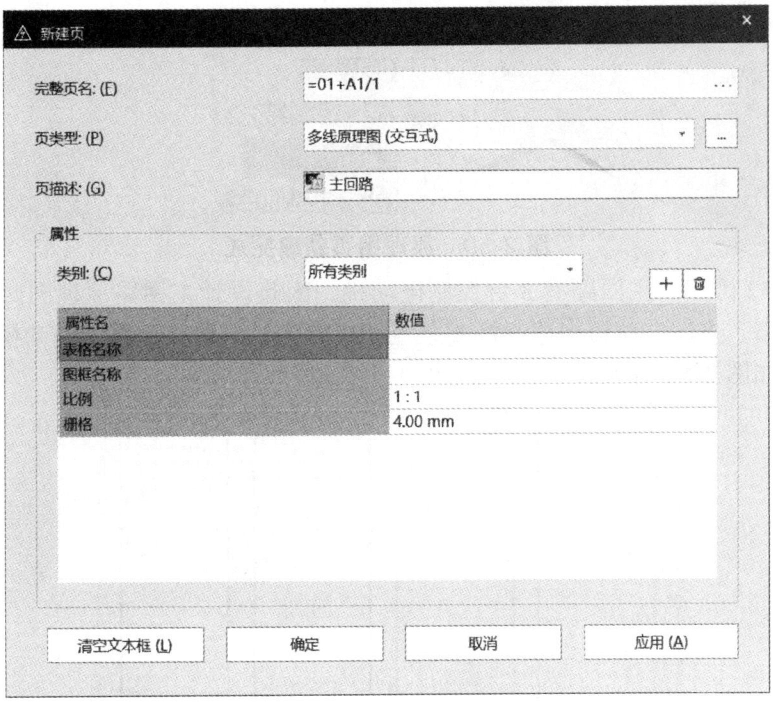

图 2-57　页名设置完成

采用同样的方法新建"控制回路"页,其中控制回路的"完整页名"为"=01+A1/2","页描述"为"控制回路",如图 2-58 所示。

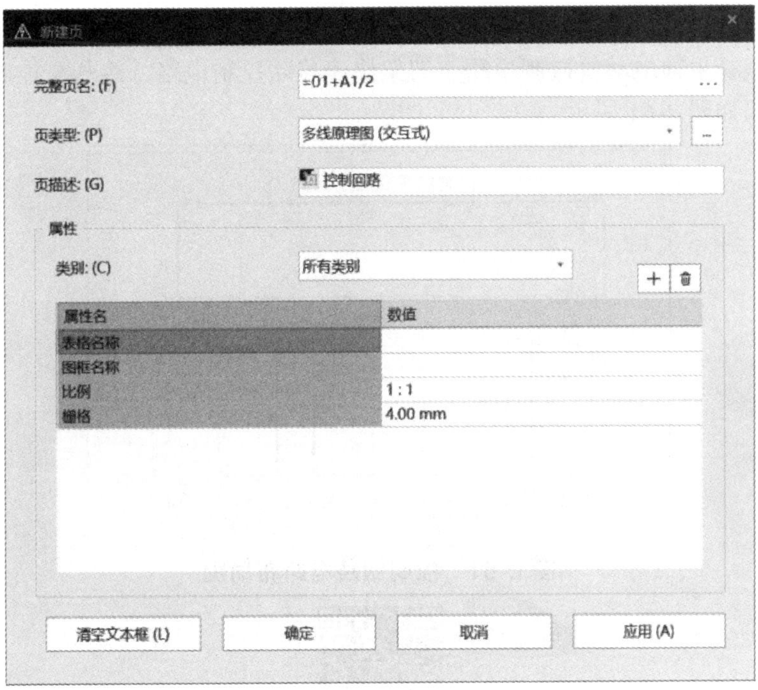

图 2-58　新建"控制回路"页

新建页完成后,页面编辑器项目导航栏如图 2-59 所示。

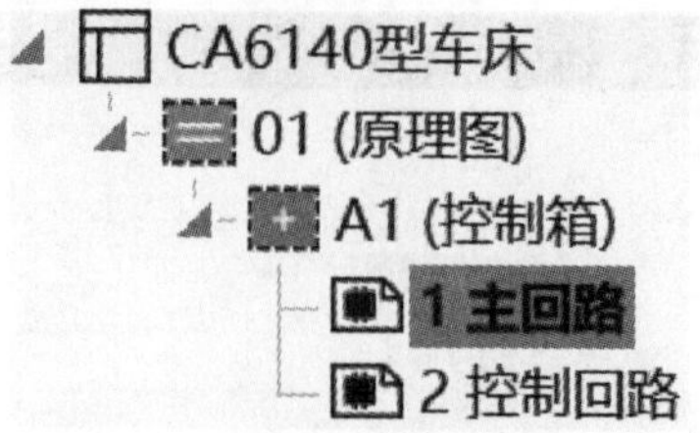

▲ ☐ CA6140型车床
　▲ ▧ 01 (原理图)
　　▲ ▦ A1 (控制箱)
　　　☐ 1 主回路
　　　☐ 2 控制回路

图 2-59　原理图页新建完成

由图 2-52 可知，主回路有 3 台控制电动机，因此设计主回路原理图时需依次绘制电源保护电路、主轴电动机电路、冷却泵电动机电路、刀架快速移动电动机电路。主回路电路布局如图 2-60 所示。

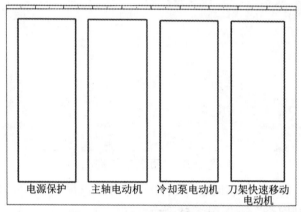

图 2-60　主回路电路布局图

控制回路的设计从控制电源变压器开始，需依次绘制控制电源变压及保护电路、信号与照明电路、主轴电动机控制电路、刀架快速移动控制电路、冷却泵控制电路。控制回路电路布局如图 2-61 所示。

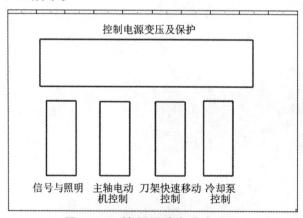

图 2-61　控制回路电路布局图

新建项目与图纸页

4. 导入部件

在项目设计过程中，部件是非常重要的一个环节。在设计之前，需完善部件库数据。部件库作为一种组织和管理项目中部件的有效方式，在 EPLAN 中扮演着非常重要的角色。部件库主要用于存储和维护各种设备、元件和部件的技术数据，包括参数、符号、尺寸、制造商信息以及其他必要信息。设计者可以根据需要添加、修改或删除部件，及时更新部件库，确保库中的信息与最新的产品数据一致。部件库数据和主数据都属于项目设计之前的基础数据，只有完善的部件库数据，才能给设计带来质的飞跃。

1) 查看已有部件库

单击"工具"菜单中的"部件"→"部件主数据导航器"命令，打开部件主数据导航器。在"字段筛选器"下拉列表中选择标准的部件库，然后单击"字段筛选器"右侧的拓展按钮，打开"筛选器"对话框，在该对话框中可查看系统已装入的标准的部件库。

2) 管理部件

在新建部件库之前，设计者需要创建自己的数据库，用于存放新建数据或导入数据，以便后期进行数据库维护和查找。

单击"主数据"菜单中的"管理"命令，打开"部件管理"对话框；然后单击该对话框右下角的"附件"→"设置"，打开"设置：部件 (用户)"对话框；在对话框中找到"数据库源"，并单击"EPLAN"后的"+"添加数据库 (如图 2-62 所示)，系统自动弹出"生成新建数据库"对话框。

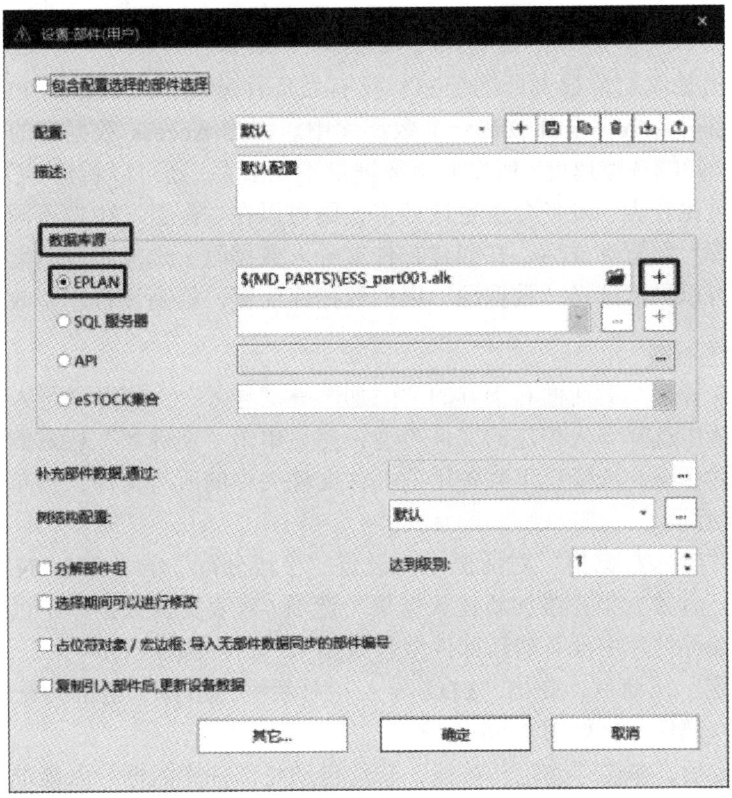

图 2-62　"设置：部件 (用户)"对话框

在"生成新建数据库"对话框的"文件名"栏中输入新建部件库的名称"CA6140型车床"，再单击"打开"按钮（如图 2-63 所示），完成新建部件库工作，返回"部件管理"对话框。

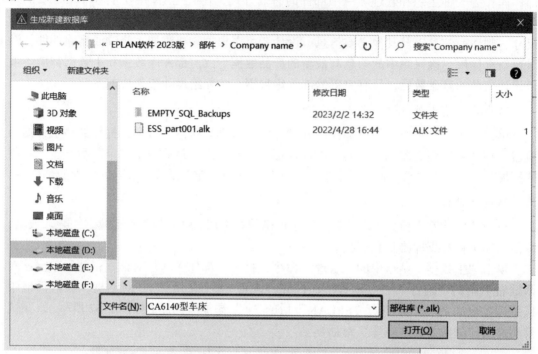

图 2-63　设置部件库名称

新建的数据是该项目数据库的汇总，没有做部件分类，项目中的 PLC、断路器、电器和电缆等部件库数据全部放在一个数据库中。因为 Access 数据库的数据量一旦超过 100 MB 就会影响选型速度，所以如果数据量不是很大，则可以新建一个汇总数据库；如果部件库数量比较大，设备分类也比较多，则可以在"配置"中按不同厂家或设备分类来新建数据库。配置完成后，在创建部件或导入数据时，选择相应的数据库名称。在设备选型时，可以灵活选择"数据源"中的数据库配置，提高设备选型效率。

3) 导入部件

单击"部件管理"对话框右下方的"附加"→"导入"，打开"导入数据集"对话框；在该对话框中选择导入相应的文件类型，然后单击"文件名"栏右侧的拓展按钮，打开"打开"对话框；选择已下载备用的部件文件夹中的所有文件，再单击"打开"按钮，如图 2-64 所示。

在弹出的"导入数据集"对话框中，设置"字段分配"为"EPLAN 默认设置"，并选择"更新已有数据集并添加新建数据集"选项（代表更新数据库中已有的相同部件型号数据并添加部件库中没有的新部件型号数据），如图 2-65 所示。

单击"确定"按钮后，弹出"EDZ 导入"对话框，选择"全部为是"按钮，将项目所需部件导入部件库，如图 2-66 所示。

设置完成之后，单击"确定"按钮，软件自动将部件库数据导入新的数据库中，如图 2-67 所示。

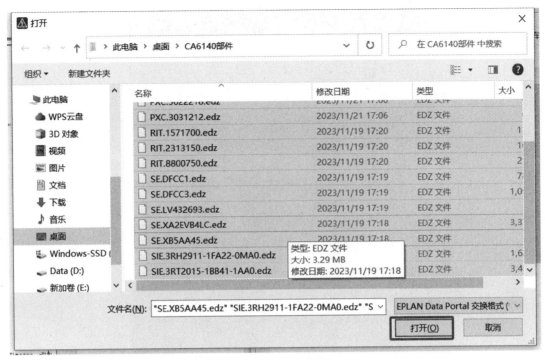

图 2-64　选择部件

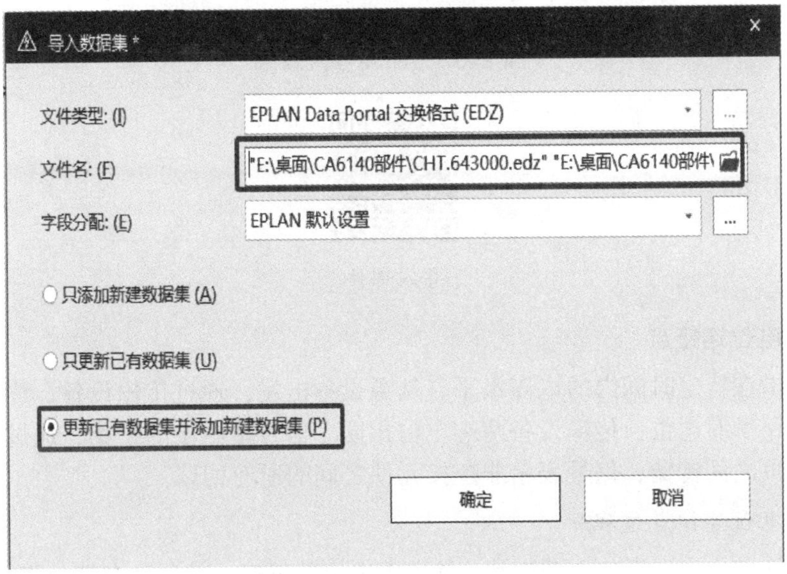

图 2-65　导入数据集

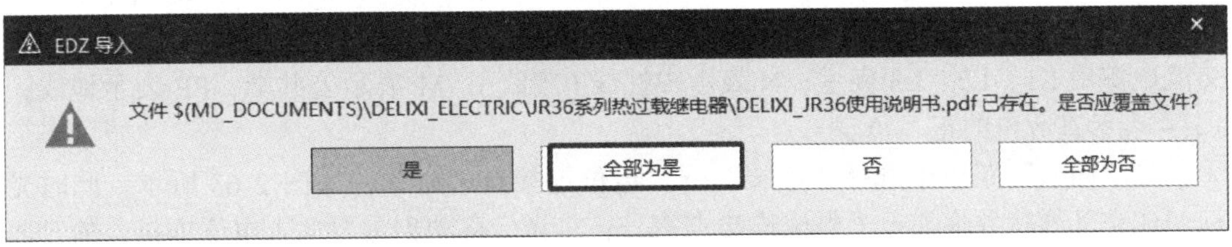

图 2-66　"EDZ 导入"对话框

图 2-67　部件导入效果

导入部件

5. 插入电位连接点

电位是指在特定时间内的电压水平。从源设备出发，通过传输设备，终止于耗电设备的整个回路都有电位，传输设备两端电位相同。信号是电位的子集，通过连接元件在不同原理图页之间传输，信号表示非连接元件之间的所有回路。

1）插入电位连接点过程

电位连接点作为图纸的电源进线，常用于电位的发起，通常代表某一路电源的源头。其外形看起来像端子，但它不是真实的设备。添加电位连接点的目的主要是区分图纸中的不同电位。常用的电位类型有 L、N、M、PE、+、- 等。其中，L 表示交流电，三相交流电源用 L1、L2、L3 表示；N 表示中性线（零线）；M 表示公共端；PE 表示地线；+、- 表示直流电的正、负。

在"插入"菜单中选择"连接"→"电位连接点"命令，如图 2-68 所示，此时光标变成交叉形状并附加一个电位连接点符号；将光标移动到需要插入电位连接点的元器件的水平或垂直位置上，电位连接点与元器件间显示自动连接，然后单击鼠标插入电位

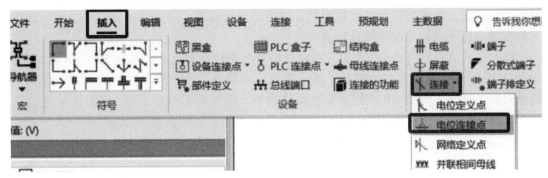

图 2-68　选择"电位连接点"

连接点。此时光标仍处于插入电位连接点的状态,重复上述操作即可继续插入其他的电位连接点。电位连接点插入完毕,单击鼠标右键选中"取消操作"命令或按键盘上的"Esc"键,即可退出插入操作。

2) 设置电位连接点属性

在插入电位连接点的过程中,设计者可以对电位连接点的属性进行设置。双击插入的电位连接点,打开"属性 (元件): 电位连接点"属性设置对话框,如图 2-69 所示。

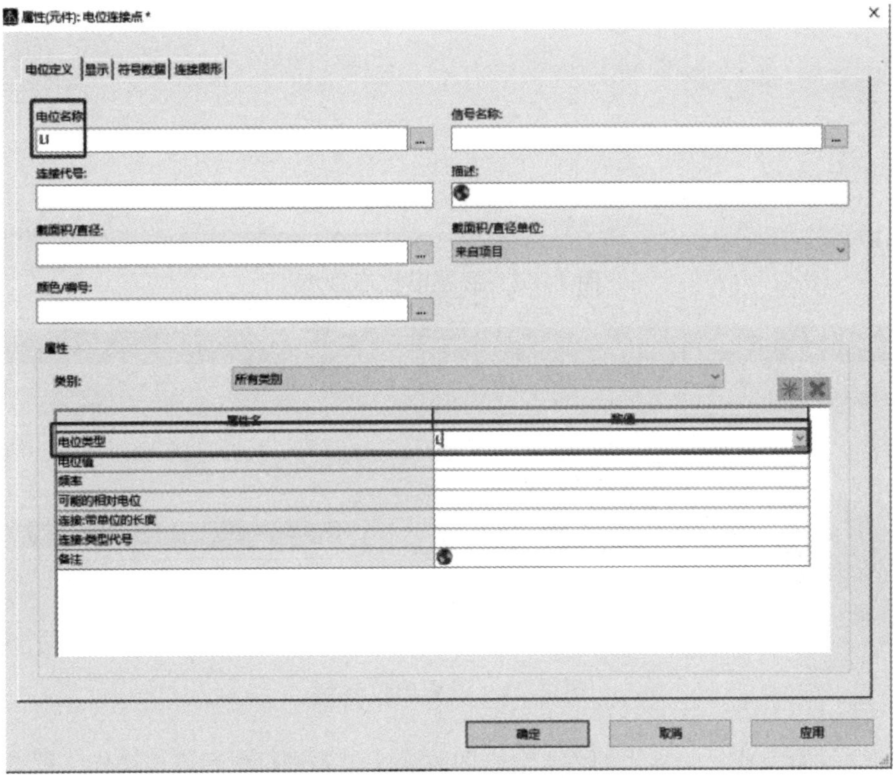

图 2-69　设置电位连接点的属性

在该对话框的"电位名称"栏中输入名称 (可以是信号的名称,如"L1",也可以自己定义),在"属性"栏中设置类别及不同属性设置数值等 (如"电位类型"选择"L") ,然后单击"确定"按钮返回。当光标处于放置管电位连接点的状态时,按"Tab"键可旋转电位连接点的连接符号，变换电位连接点的连接模式；也可通过选中"显示"选项卡并切换变量来旋转电位连接点的连接符号。

按照上述方法，完成"主回路"图纸页中所有电位连接点 L1、L2、L3、PE 的设置，如图 2-70 所示。如果为电位设置了显示颜色，则整个项目中等电位的连接都会以相同的颜色显示出来。通常 PE 设置成绿色虚线显示。设计者也可在"属性 (元件)：电位连接点"对话框的"连接图形"选项卡中更改显示颜色，如图 2-71 所示。

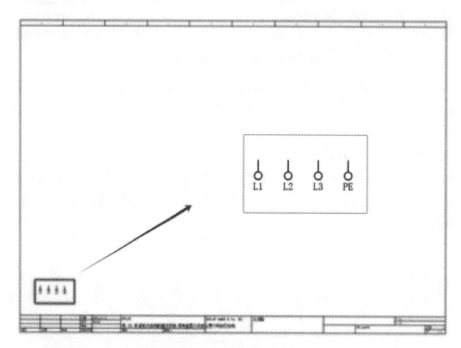

图 2-70　放置电位连接点

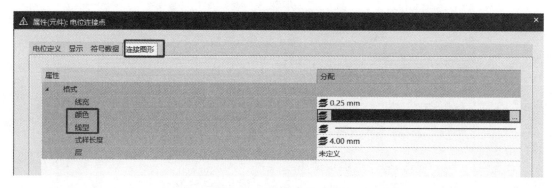

图 2-71　设置电位颜色

当更改设置完成后，导线颜色不会立即改变，需要进行更新连接操作，即选择"连接"菜单中的"更新"命令 (如图 2-72 所示) 后导线颜色才改变。

在本项目中，L1、L2、L3 分别设置为黄色实线、绿色实线、红色实线，PE 设置为黄绿色虚线，如图 2-73 所示。

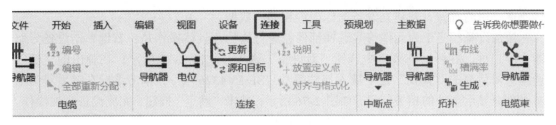

图 2-72 更新连接

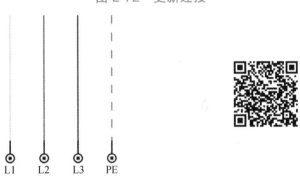

图 2-73 电位显示颜色示意图

6. 插入设备

在 EPLAN 中，原理图中的符号叫作元件，元件符号存放在符号库中。对于一个元件符号，如断路器符号，可以分配 (选型) 西门子的断路器，也可以分配 ABB 的断路器。原理图中的元件经过选型、添加部件而成为设备，既有图形表达，又有数据信息。

部件是厂商提供的电气设备的数据的集合。部件存放在部件库中，其主要标识是部件编号。部件编号不单单是数字编号，还包括部件型号、名称、价格、尺寸、技术参数、制造厂商等各种数据。

插入设备的方法有多种，如可以在图形编辑器内右键插入设备，也可以通过调用设备导航器或部件主数据导航器来插入设备。这里以插入三极断路器 "SE.LV432693" 为例，介绍通过调用设备导航器实现设备插入的方法。

选择 "设备" 菜单中的 "导航器" 命令 (如图 2-74 所示)，打开设备导航器。该导航器中包含了项目所有的设备信息，并提供了设备修改功能，如设备名称的修改、显示格式的修改、设备属性的编辑等。总体来说，通过该导航器，可以对整个原理图中的设备进行全局的观察及修改，其功能非常强大。

图 2-74 选择 "导航器" 命令

1) 新建设备

设计图样前，需要对项目数据进行规划，即预先在设备导航器中新建设备，选择项目所需使用的部件，并建立设备的标识符和部件数据。

  添加设备相当于为元件符号选择部件，进行选型，具体操作是：右键单击设备导航器内空白处，在弹出的菜单中选择"新设备"选项，如图 2-75 所示；在弹出的"部件选择"对话框的"查找"栏中输入部件编号"SE.LV432693"，单击鼠标左键后对话框右半部分显示部件的相关信息，如图 2-76 所示；单击"确定"按钮，完成设备添加操作。设备添加完成后的设备导航器如图 2-77 所示。

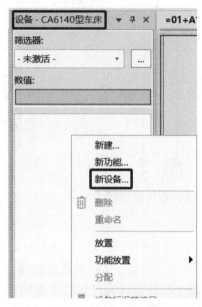

图 2-75　选择"新设备"

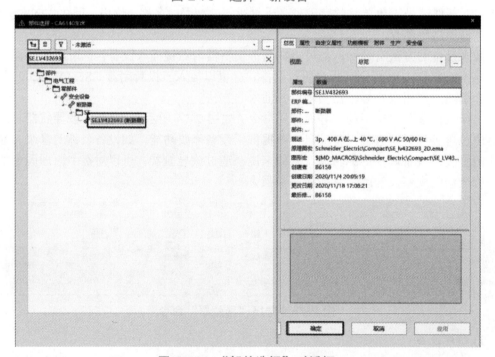

图 2-76　"部件选择"对话框

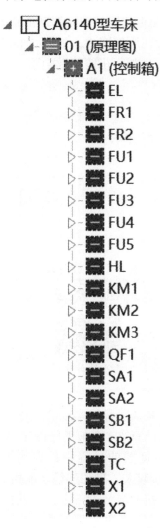

图 2-77　设备导航器

所有设备预规划完成后，车床电控系统项目设备导航栏如图 2-78 所示。

图 2-78　设备预设完成

设备添加完成后，需要对设备标识符进行修改。在新添加的设备名称处，右键单击"设备"选择"属性"，打开"属性 (元件)：常规设备"对话框；在"功能"选项卡的"显示设备标识符"栏中输入设备标识符，如断路器的标识符"=01+A1-QF1"，如图 2-79 所示；单击"确定"按钮，设备标识符修改完成。

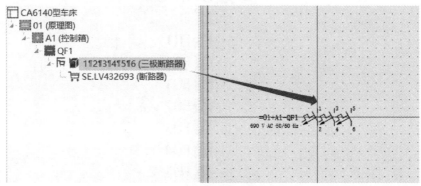

图 2-79　修改设备标识符

2) 放置设备

要把上述设备导航器中新建的设备放置到原理图中，需进行以下放置操作。

用鼠标左键选中设备导航器中的设备，并将其向图形编辑器中拖动，当光标上显示插入符号时，松开鼠标左键，在光标位置处出现浮动的设备符号，选择需要放置的位置，再单击鼠标左键，设备即被放置在原理图中，如图 2-80 所示。通过设备导航器依次将熔断器、热保护继电器等元器件拖放至图形编辑器内。

图 2-80　放置设备

插入设计元素

7. 进行电气连接

元器件之间的电气连接主要是通过导线实现的。导线是电气原理图中最重要也是用得最多的图元，它具有电气连接的意义（一般的绘图工具没有电气连接的意义）。

在使用 EPLAN 绘制电气原理图的过程中，当两个连接点水平或垂直对齐时，EPLAN 会自动将两个连接点连接起来。自动连线功能极大地方便了绘图。

设计者将光标移动到想要连接的电气设备上，用鼠标左键选中设备，并将其移动到需要连接的水平或垂直位置，当两设备间出现红色连接线符号时，松开鼠标左键，电气连接成功。注意：两设备间自动连接的导线无法直接删除，可通过移动其中一个设备与其他设备连接的方法将原设备间自动连接的导线取消。

在 EPLAN 中，如果两个连接点水平或垂直相对，便可自动绘制、自动连接线，电路原理图核心内容绘制完成。主回路绘制过程如图 2-81 所示，控制回路绘制过程如图 2-82 所示。

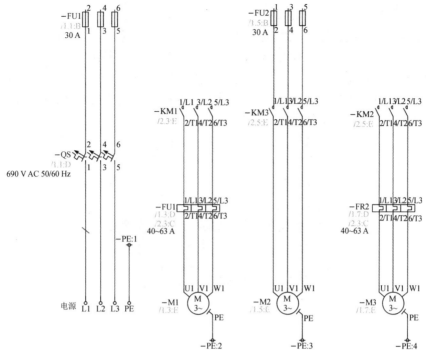

图 2-81　主回路绘制过程

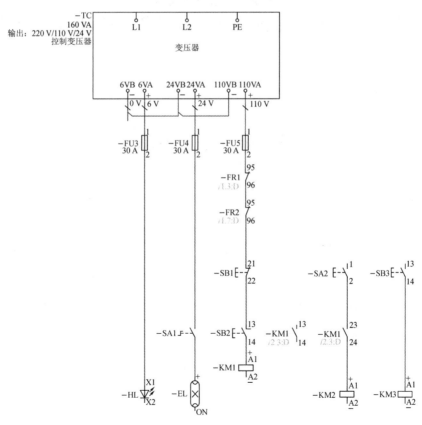

图 2-82　控制回路绘制过程

8. 放置中断点

中断点主要用于属性完全相同的电线在不同图纸中的连接，一般在电源线处使用较多。中断点由源中断点和目标中断点组成，它们成对出现，形成一对一的配对关系。源中断点通常放置在图样的右半部分，目标中断点则放置在图样的左半部分。本项目中源中断点放置在主回路 L1、L2 中，目标中断点放置在控制回路 L1、L2 中。相同设备标识符的中断点会自动形成关联参考。

放置中断点的操作步骤如下：选择"插入"菜单中"符号"选项组中的中断点符号，如图 2-83 所示；在弹出的"属性 (元件): 中断点"对话框的"显示设备标识符"栏中输入"L1"，如图 2-84 所示；单击"确定"按钮后，该源中断点放置在主回路右侧。重复以上操作，完成主回路中断点的插入，如图 2-85 所示。

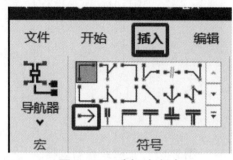

图 2-83　选择中断点

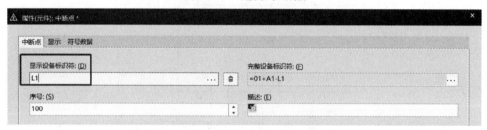

图 2-84　定义中断点名称

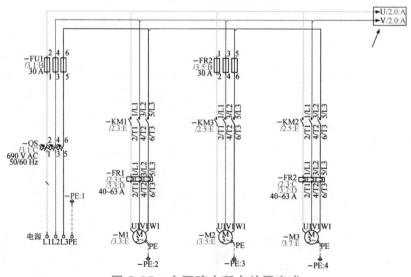

图 2-85　主回路中断点放置完成

采用上述操作，将目标中断点放置在控制电路左侧，如图 2-86 所示。

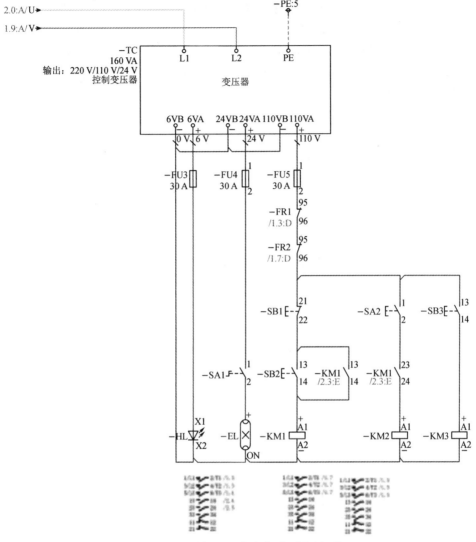

图 2-86　控制回路中断点放置完成

中断点 L1、L2、PE 自动完成关联参考。按 "Ctrl+ 单击鼠标左键" 关联参考，绘图画面可在源中断点和目标中断点之间来回快速跳转。

设置电气连接

9. 插入电位定义点

电位定义点也不代表真实的设备，其功能与电位连接点的功能完全相同，但它不是放在电源起始位置，一般位于变压器、整流器与开关电源输出侧，因为这些设备改变了回路的电位值。

选择"插入"菜单中的"电位定义点"命令或单击"连接"工具栏中的"电位定义点"按钮（如图 2-87 所示），光标变成交叉形状并附加一个电位定义点符号；将光标移动到需要插入电位定义点的导线上，然后单击鼠标左键，完成电位定义点的插入。插入完成后，光标仍处于插入电位定义点状态，重复上述操作，可以继续插入其他的电位定义点。所有电位定义点插入完毕，单击鼠标右键选中"取消操作"命令或按键盘上的"Esc"键，即可退出插入操作。

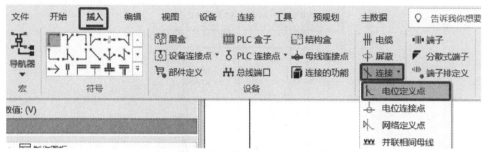

图 2-87　选择"电位定义点"

在插入电位定义点的过程中，设计者可以对电位定义点的属性进行设置。双击插入的电位定义点，在弹出的"属性（元件）：电位定义点"对话框的"电位名称"栏中输入电位定义点名称（可以是信号的名称，也可以自己定义）。本项目中采用变压器输出电压作为电位定义点的名称，如图 2-88 所示。

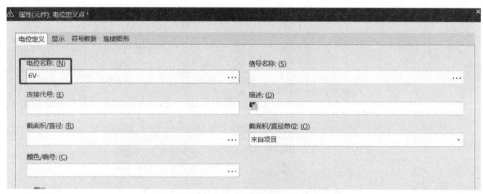

图 2-88　填写"电位名称"

自动连接的导线颜色为红色，可通过"连接图形"选项卡中的"颜色"选项来强制定义导线颜色，如图 2-89 所示。设置后，如果原理图中的导线不自动更新信息，则选择菜单栏中的"项目数据"→"连接"→"更新"命令，更新信息后，颜色便可修改。

图 2-89　更改电位定义点导线颜色

10. 设计端子及端子排

在进行电气工程设计时，端子和端子排是非常重要的元件，它们用于连接和固定电气设备中的导线和电缆，以确保电路的可靠性和安全性。

端子通常是小型的金属或塑料插座，它们提供了一个安全可靠的连接点，用于连接导线或电缆。端子的主要功能是将导线连接到电气设备。例如，控制盒、电气柜或终端盒，它们通常具有螺钉或弹簧夹装置，用于夹紧导线并确保良好的电气接触。端子还可以简化电路连接的更改和维护过程，使得接线美观、施工和维护方便。

端子排是一种由多个端子组成的组件，通常为线性排列 (如图 2-90 所示)，多用于电气控制柜和配电盘中，以提供电路连接的便利性和可靠性。端子排允许将多个导线连接到同一位置，从而简化了电气布线工作。端子排上通常标有编号或标记，便于设计者识别和跟踪不同的电路连接。通过端子排，可以更轻松地进行电路调试和故障排除。如果电路出现问题，则只需检查或更换连接到端子排上的导线，而不会影响其他部分的布线。

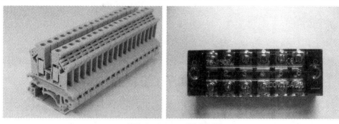

图 2-90　端子排

理解和掌握端子和端子排的功能，有助于设计者在电气设计和实施过程中建立可靠的电气连接。在图纸绘制过程中，端子及端子排的设计流程如图 2-91 所示。

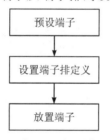

图 2-91　端子及端子排设计流程

1) 预设端子

在端子导航器中进行端子预设，其操作步骤如下：

(1) 选择"设备"菜单中的"端子"→"导航器"，如图 2-92 所示。

图 2-92　打开端子导航器

(2) 在端子导航器内单击鼠标右键，在弹出的菜单中选择 "新建端子 (设备)"，打开 "生成端子 (设备)" 对话框，如图 2-93 所示。

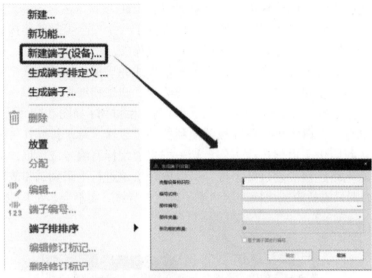

图 2-93   "生成端子 (设备)" 对话框

(3) 在 "生成端子 (设备)" 对话框中批量添加端子并进行端子选型。在 "完整设备标识符" 栏中输入 "=01+A1-X1"；在 "编号样式" 栏中输入 "1-xx"（"xx" 为需要的端子数)，本项目需要 4 个电源端子，所以在 "编号样式" 栏中输入 "1-4"；单击 "部件编号" 栏中的 ⸺ 图标，在弹出的 "部件管理" 对话框中选择部件，这里根据表 2-23 选择端子部件 "PXC.3031212"，如图 2-94 所示 。

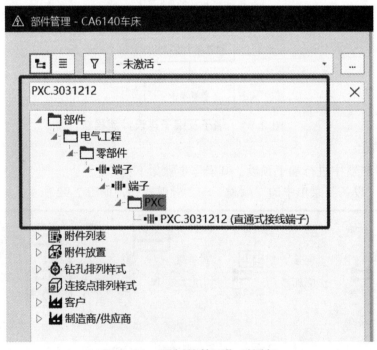

图 2-94   "部件管理" 对话框

(4) 部件选择完成后,"部件编号""编号样式""新功能的数量"等数据会自动显示,如图 2-95 所示。数据填写完成,单击"确定"按钮,完成端子预设。

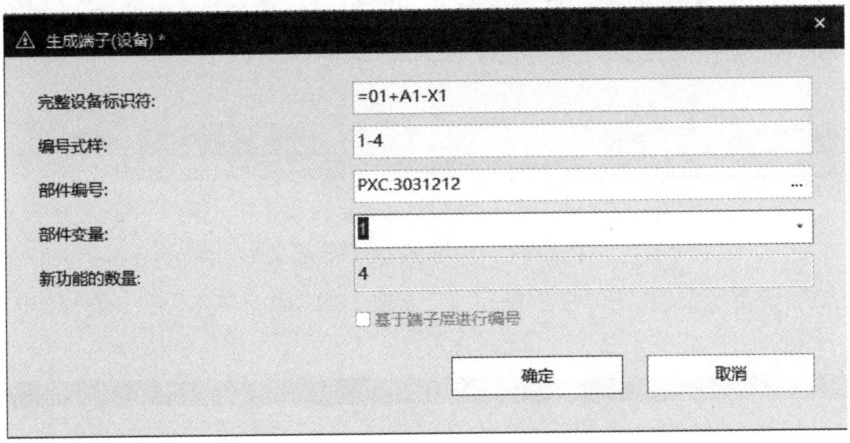

图 2-95　"生成端子 (设备)"对话框中的端子信息

2) 设置端子排定义

EPLAN 中,通过端子排定义来管理端子排。端子排定义可识别端子排并显示端子排的全部重要数据。设置端子排定义的操作步骤如下:

(1) 在端子导航器中选中"X1"端子标识符,单击鼠标右键,选择"生成端子排定义"。

(2) 在弹出的"属性 (元件): 端子排定义"对话框中选择"部件"选项卡,添加端子排定义部件。单击"部件编号"栏后面的 ▪▪▪,在弹出的"部件管理"对话框的"筛选器"栏中输入部件编号"PXC.3022218"(选择依据同上),如图 2-96 所示。

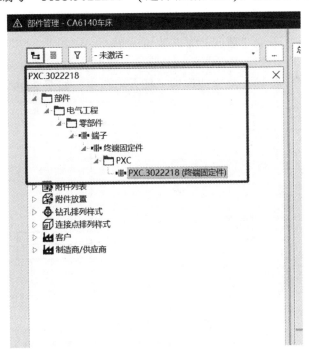

图 2-96　"部件管理"对话框

（3）选择部件"PXC.3022218"，单击"确定"，生成的端子排定义如图 2-97 所示。

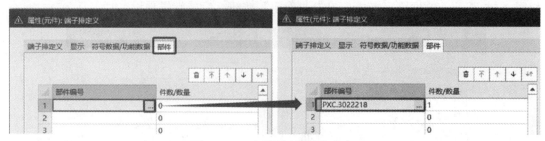

图 2-97   生成的端子排定义

（4）添加端子排定义后，在"端子排定义"选项卡的"功能文本"栏中填写"电源端子"，如图 2-98 所示。

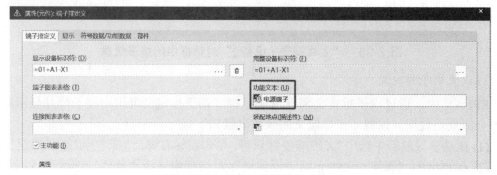

图 2-98   填写"功能文本"

（5）采取同样的方法，为 X2 进行端子排定义。

3）放置端子

端子新建完成后，采取"拖放"方式放置端子。

（1）在端子导航器中选中 X1 的 1～4 端子，将其拖放到"电位连接点"上方，按住鼠标左键向右横拉一条线，快速地将端子插入电路中，如图 2-99 所示。

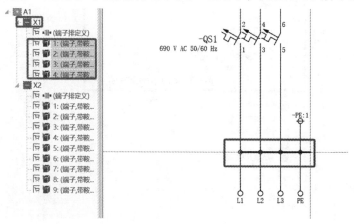

图 2-99   放置端子

（2）用同样的方法，选中 X2 的 1～9 端子，将其放置在电动机的上方，完成端子的插入，如图 2-100 所示。

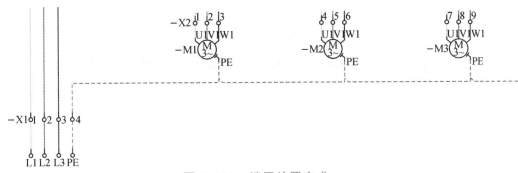

图 2-100　端子放置完成

4) 放置端子排

　　端子排定义同样需要放置到原理图中，其放置方法与端子的一致，即采取拖动的方法，将 X1 的端子排定义放置到端子排的左侧 (如图 2-101 所示)，将 X2 的端子排定义放置到原理图中 (如图 2-102 所示)。

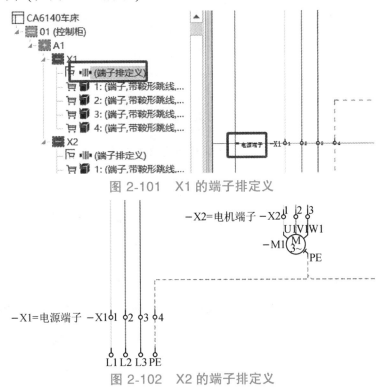

图 2-101　X1 的端子排定义

图 2-102　X2 的端子排定义

11. 插入连接定义点

　　导线的连接类型一般是由源和目标自动确定的。在系统无法确定连接类型时，导线连接被叫作"常规连接"。电气图中的连接通常都是"常规连接"。原理图中的导线是自动连接的，无法在原理图中直接选择，若要修改连接类型，需插入"连接定义点"。

　　选择"插入"菜单中的"连接"命令，连接定义点吸附在光标上，将它放置在两个设备之间的连线处；在弹出的"属性 (元件): 连接定义点"对话框的"连接定义点"选项卡中设置连接代号，如"L1"；单击"颜色 / 编号"栏中的 ，选择连线颜色；单击"截

面积 / 直径"栏中的 ，选择连线截面积，如图 2-103 所示。电线的线径与颜色的选取可参考表 2-24、表 2-25。

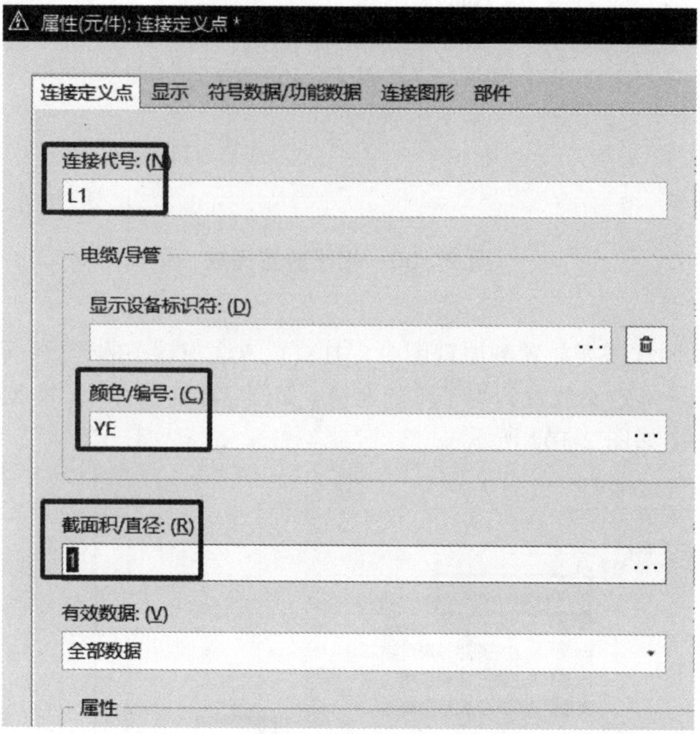

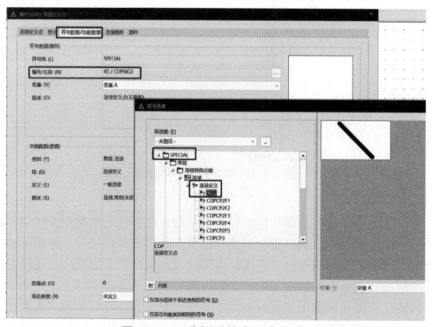

图 2-103　定义连接定义点的属性

由于放置的"连接定义点"的默认状态是不显示的，所以需要修改符号数据。在"符号数据 / 功能数据"选项卡中修改"编号 / 名称"，如"CDP"，如图 2-104 所示。

图 2-104　选择连接定义点符号

连接定义点放置完成，效果如图 2-105 所示。

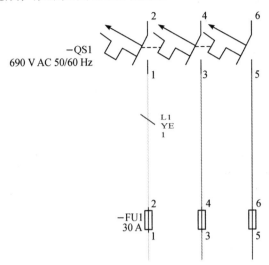

图 2-105　连接定义点放置完成

主回路和控制回路的电气连接和定义点放置后的效果如图 2-106 和图 2-107 所示。

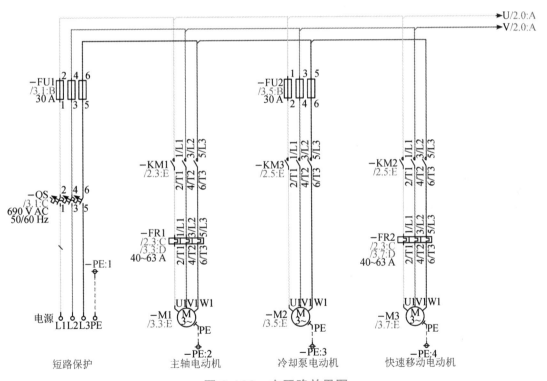

图 2-106　主回路效果图

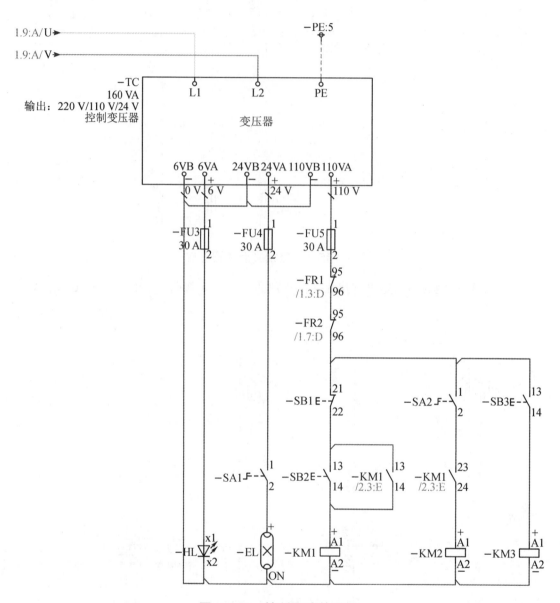

图 2-107　控制回路效果图

插入电位定义点及端子排设计

12. 添加注释和标记

在电气图纸上添加注释和标记，可使电气图纸更易于理解和使用。添加的注释和标记可以包括电气设备的名称、参数、电气连接的说明等。

在原理图设计过程中经常使用文本功能。文本包括普通文本和功能文本。通常图纸内部的说明性文字使用普通文本，不体现设备在项目中的电气属性；回路功能说明和设备功能介绍使用功能文本。本项目采用插入"文本"操作方法在图纸上进行注释和标记。

选择"插入"菜单中的"文本"命令 (如图 2-108 所示)，在弹出的"属性 (文本)"对话框中输入想要添加的注释。这里以标注主回路"主轴电动机"为例，设置如图 2-109 所示。

图 2-108　选择"文本"命令

图 2-109　输入文本

单击"确定"，文本吸附在光标上，将光标移动到主轴电动机下方，单击鼠标左键放置文本，如图 2-110 所示。

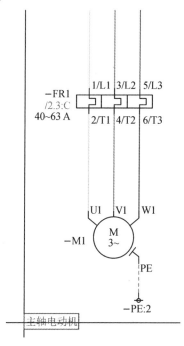

图 2-110　放置文本

13. 生成报表

在 EPLAN 中，报表是一项非常重要的功能，它可以帮助设计者更加高效地管理和分析电气工程设计项目，并确保设计的准确性和一致性。报表是将项目数据以图形或表格的方式输出，生成的一类项目图纸页，用于评估原理图设计的合理性及指导后期项目施工。报表不仅汇总和展示了电气设计数据的关键信息，还提供了对项目数据的分析功能，有助于优化电气设计流程并支持决策制定。一些常见的报表类型如表 2-27 所示。

表 2-27　常见的报表类型

报表类型	具体内容	补充说明
零件清单 (BOM)	列出了在电气设计项目中使用的所有电气元件和设备的详细信息，包括型号、数量和描述等	对物料采购、库存管理和成本估算非常有帮助。此外，零件清单还可用于生成其他报表，如装配清单和线缆清单
装配清单	提供了电气设备的装配和安装指导，详细说明了每个设备的位置、连接方式和所需的配件与工具	对于工程师、技术人员和安装人员来说，是非常有用的参考资料，可以确保其正确、高效地完成设备的安装和布线工作
线缆清单	列出了电气工程中使用的所有电缆和导线的详细信息，包括类型、规格、长度等	对电缆采购、布线计划和故障排除非常有帮助。线缆清单还可以与装配清单和接线图相结合，提供全面的电气布线信息
连接图	提供了电气设计中所有连接的图形表示，显示了电气设备之间的连接关系、导线的走向和接线端子的标识	对整体电气系统的理解和维护非常重要，可以帮助工程师快速定位和解决故障
功率分配报表	汇总了电气系统中不同设备和电路的功率需求与分配情况	可以帮助工程师评估电气负载、设计电源容量，并确保系统的供电符合要求

生成报表的步骤如下：

(1)"工具"菜单选择中的"报表"→"生成"命令，在弹出的"报表-CA6140型车床"对话框中单击" + "新建按钮，打开"确定报表"对话框，可以看到 EPLAN 软件中包含的报表类型。这里以生成"结构标识符总览"报表为例，选中"结构标识符总览"，如图 2-111 所示。

(2)单击"确定"按钮，在弹出的"设置-结构标识符总览"对话框中更改"表格（与设置存在偏差）"这一设置。单击下拉按钮选择表格，这里以"F24_001"表格类型为例，如图 2-112 所示。

(3)单击"确定"按钮，在弹出的"结构标识符总览（总计）"对话框中根据预定义的页结构选择报表生成的归属结构，定义报表的页名及描述，然后单击"确定"按钮，完成报表生成，如图 2-113 所示。

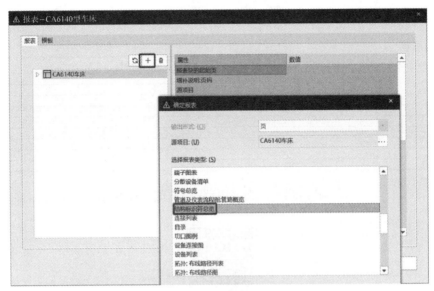

图 2-111　选择报表类型

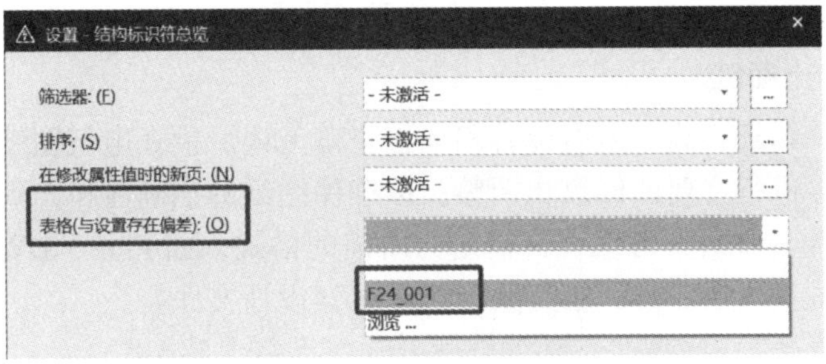

图 2-112　选择报表表格

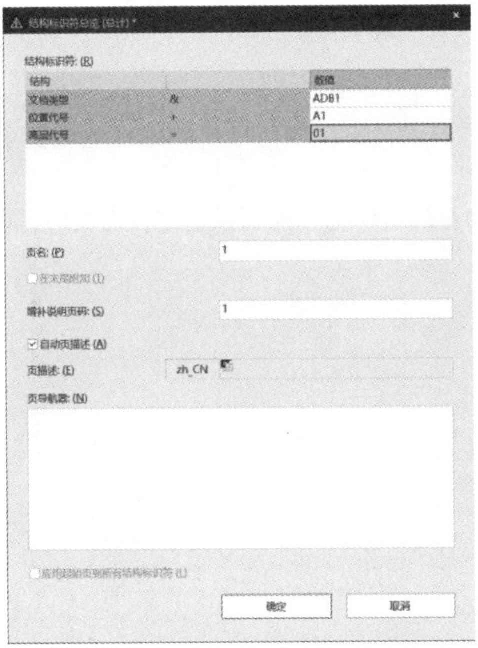

图 2-113　选择报表生成的归属结构

生成的"结构标识符总览"报表如图 2-114 所示。

结构标识符总览

P24_002

完整的名称	标签	结构描述
&AAA1	文档类型	标题页/封页
&AAB1	文档类型	目录
&ADB1	文档类型	结构描述
&EFS	文档类型	原理图,电气工程
&EPA1	文档类型	部件汇总表
&EMA3	文档类型	连接列表
&ETC1	文档类型	模型视图
=01	高层代号	CA6140型车床
+A1	位置代号	控制柜

图 2-114 "结构标识符总览"报表

添加注释并生成报表

14. 完善和输出图纸

仔细检查电气图纸,确保所有设备和连接正确无误。检查电气图纸是否符合机床的设计要求和标准。进行必要的修改和调整,以确保图纸的准确性和一致性。

电气图纸检查无误后,可以将其输出为所需的格式,如 PDF、DWG 等。这样,就可以与其他团队成员、供应商、客户共享机床电气设计文件。

习 题

1. 在机床控制电气系统设计中,如何考虑和处理电气安全问题?请给出至少三个建议。

2. 设计一个高效、安全的机床电气控制系统时,需要考虑哪些关键因素?

在车间电力系统中，配电室的主要功能是将供电线路中的电能有效地分配至各个电气设备和用电终端，以满足车间内各类设备的电力需求。配电室的布局如图 3-1 所示。配电室的作用和功能如表 3-1 所示。

图 3-1　车间配电室

表 3-1　配电室的作用和功能

作　用	功　　能
电能分配	配电室通过主配电板、次配电板和支路电路等，将电能从供电线路引入车间，并将其分配至各个用电设备中
电源保护	配电室通过安装断路器、熔断器、过载保护器等电气保护设备，对供电线路和用电设备进行保护，防止电流过载或短路等故障发生
电能计量	配电室中通常会设置电能计量设备，用于对车间电能的消耗进行计量和统计，以便进行能源管理和费用核算
控制和监测	配电室中会安装电气控制设备和监测设备，用于对车间电力系统进行远程控制和实时监测，以提高系统的可靠性和效率

　3.1　低压配电系统

在电气工程学科中，低压配电系统作为电力应用的终端环节，其重要性显著。本节将重点阐述低压配电系统的基本原理与关键技术。

3.1.1 电力系统概述

在电气工程中,电能经历了一个完整的生命周期,包括产生、变换、传输、分配、使用等环节,这些环节共同构成了电力系统。如图 3-2 所示,发电部门的发电机首先产生 3.15 ~ 20 kV 的交流电压,随后通过升压变压器将其提升至 35 ~ 500 kV。接着,这些高压电能通过远距离传输线被高效、稳定地传送到用电区域的变电所。在变电所内,降压变压器将电压降低至 6 ~ 10 kV,这一电压级别可以直接供给某些大型工厂用户。对于普通用户,电能还需进一步通过降压变压器降低至 380 V/220 V。电网作为电力系统的重要组成部分,主要涵盖传输线和变电所,但不包括发电部门和电能用户。

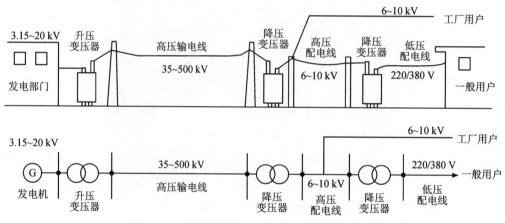

图 3-2　电能从发电部门到用户的传输环节

电能从发电部门传输至用户的过程中,需经历电压的变换与电能的分配。这种集电压变换与电能分配于一体的设施,称之为变电站 (所)。而仅执行电能分配功能的场所,则被称为配电站 (所)。变电站 (所) 与配电站 (所) 的主要区别在于,变电站 (所) 因需进行电压变换而必须配备电力变压器,而配电站 (所) 在通常情况下无须进行电压变换,因此,除了可能存在的自用变压器外,并不包含其他电力变压器。

变电站 (所) 与配电站 (所) 之间也有显著的相似之处。首先,两者均承担着接收电能并分配至不同区域和用户的重要任务;其次,在设备配置上,两者都包含电能引入线 (架空线或电缆线)、多种开关电器 (如隔离开关、高低压断路器等)、母线、电压和电流互感器、避雷器,以及电能引出线等关键设施,以确保电能传输的可靠性与安全性。

1. 电压等级

为了规范电能的传输和电力设备的设计制造,我国已明确制定了关于三相交流电力网和电力设备的额定电压标准化规定。电力网和电力设备的工作电压必须严格遵循这些规定。我国交流电力网的额定电压等级涵盖了一系列标准化数值,包括 220 V、380 V、3 kV、6 kV、10 kV、35 kV、110 kV、220 kV、330 kV 及 500 kV 等,具体如表 3-2 所示。

表 3-2　我国三相交流电力网和电力设备的额定电压标准

分类	电网和电力设备额定电压 /kV	发电机额定电压 /kV	电力变压器额定电压 /kV	
			一次绕组	二次绕组
低压	0.38	0.40	0.4/0.23	0.38/0.22
	0.66	0.69	0.69/0.4	0.66/0.38
高压	3	3.15	3.15/3.3	3/3.15
	6	6.3	6.3/6.6	6/6.3
	10	10.5	10.5/11	10/10.5
	—	13.8/15.75/18/20/22/24/26	—	13.8/15.75/18/20/22/24/26
	35	—	38.5	35
	66	—	72.6	66
	110	—	121	110
	220	—	242	220
	330	—	363	330
	500	—	550	500

需要注意的是，尽管电压等级相同，但是发电机的额定电压与电网和用电设备的额定电压之间存在差异。发电机的额定电压通常略高于电网和用电设备，这一差异约为 5%，其主要考量因素在于发电机产生的电能在传输至电网或用电设备的过程中，线路中会产生一定的电压降。

2. 配电网

基于配电电压的不同，电力系统可细化为高压配电网 (35～110 kV)、中压配电网 (6～35 kV) 和低压配电网 (1 kV 以下) 三个层级。

1) 高压配电网

高压配电网由高压输电线路和变配电站组成。该网络接收来自上一级电源的电能后，既可以直接向高压用户供电，也可以为下一级中压 (或低压) 配电网提供电源。具体而言，110 kV 电压常用于中、小型电力系统的主干输电线，其输送距离约为 100 km；而 35 kV 电压则主要适用于电力系统的二次电网及大型工厂的内部供电，输送距离通常在 30 km 左右。

2) 中压配电网

中压配电网主要由中压输电线路和变配电室构成。它接收来自高压配电网的电能，然后向中压用户或各用电小区负荷中心的变配电室供电。经过变压后，中压配电网可向下一级低压配电网提供电源。6～10 kV 电压常用于送电距离约为 10 km 的工业与民用建筑。

3) 低压配电网

低压配电网由低压输电线路及其附属电气设备组成，直接向低压用户提供电能。它接收来自中压（或高压）配电网的电能，并直接配送给各低压用户。低压配电网作为电力系统的末端，分布广泛，几乎覆盖了建筑的每一个角落。低压配电电压通常采用三相四线制供电方式，包括 380 V 和 220 V 电压。其中，线电压 380 V 主要用于建筑物内部供电或向工业生产设备供电；而相电压 220 V 则多用于一般照明设备、220 V 单相生活设备及小型生产设备。

3. 电力负荷的分类与供电要求

电力负荷根据其重要性及中断供电在政治、经济上可能造成的损失或影响程度，被明确划分为一级负荷、二级负荷和三级负荷。

1) 一级负荷

一级负荷的定义是：其供电中断将直接导致人员伤亡，或在政治、经济上造成不可估量的重大损失。这些损失可能包括重大设备的损坏、重要产品的报废、基于关键原料生产的产品大量报废、国民经济中重点企业的连续生产过程被严重打乱且需要长时间恢复等。此外，一级负荷的中断还将严重影响具有重大政治、经济意义的用电单位的正常工作，如重要铁路枢纽、通信枢纽等。

为了确保一级负荷的连续供电，应由两个独立的电源进行供电。这两个电源之间应无直接联系，这样可以确保它们在任何情况下均不会同时受损。两个电源虽不独立，但设计上需保证在任何故障发生时，两个电源的任何部分均不会同时损坏。

2) 二级负荷

二级负荷的定义是：其供电中断将在政治、经济上造成较大损失。这些损失可能包括主要设备的损坏，大量产品的报废，连续生产过程被打乱且需要较长时间恢复，重点企业的大量减产等。此外，二级负荷的中断还会影响重要用电单位的正常工作，如大型影剧院、商场等人员密集的重要公共场所秩序混乱。

对于二级负荷的供电系统，设计时应确保在发生电力变压器故障或电力线路常见故障时，其供电不会中断（或中断后能迅速恢复）。

3) 三级负荷

除一级负荷和二级负荷外，其他所有的负荷均归为三级负荷。它是指对供电可靠性要求不高的负荷，这类负荷的中断供电虽然不会对人身安全和环境造成影响，但会给生产和生活带来不便。

除了上述国家规定的负荷等级外，一些厂矿、企业还根据自身具体情况，将电力负荷进一步划分为重要负荷与次要负荷两个等级。为了保证重要负荷的连续供电，这些企业多采用小型自备发电站作为备用电源。

3.1.2 电力系统接线方式

变配电所的电力系统接线主要由一次回路接线和二次回路接线组成。一次回路（主电路）是电能流通的主要路径，其关键设备涵盖变压器、断路器、隔离开关、避雷器、熔断器，以及电压、电流互感器等。这些设备通过导线按照预定的要求进行连接，从而构成主电路的接线结构。需要明确的是，这里的"一次"并非特指变压器的一次侧，而是指整个主电路系统。

二次回路的主要功能在于控制、保护、测量和监视一次回路。其关键设备包括控制开关、按钮、继电器、测量仪表、信号灯，以及自动装置等。二次回路通过电压互感器和电流互感器，实现对一次回路电压和电流的准确测量与监测；同时，借助继电器和自动装置，对一次回路进行精准地控制与保护。

变配电所主电路接线常采用无母线主接线、单母线主接线和双母线主接线等三种方式。这些接线方式的选择与应用，需要根据具体的电力需求和系统配置来确定。

1. 无母线主接线

无母线主接线可分为线路 - 变压器组接线、桥形接线等。

1) 线路 - 变压器组接线

在电源单一、变压器单一的条件下，主电路可优先采用线路 - 变压器组接线方式。该接线方式根据变压器高压侧开关器件的不同，可分为四种具体形式，如图 3-3 所示。当电源侧的继电保护装置具备足够的保护能力且灵敏度满足要求时，变压器高压侧可采用隔离开关进行配置，如图 3-3(a) 所示。当变压器高压侧的短路容量不超出高压熔断器的断流容量，且允许使用高压熔断器对变压器进行保护时，变压器高压侧可选用跌落式熔断器或负荷开关 - 熔断器组合，如图 3-3(b)、(c) 所示。在一般情况下，变压器高压侧可配置隔离开关和断路器，以实现更全面的保护与控制功能，如图 3-3(d) 所示。

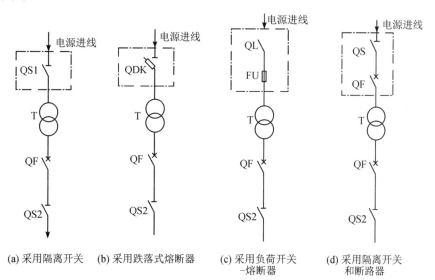

图 3-3　线路 - 变压器组接线的四种形式

需要注意的是，若高压侧采用负荷开关，则变压器的容量应控制在 1250 kV·A 以下；若采用隔离开关或跌落式熔断器，则变压器的容量通常不应超过 630 kV·A。线路 - 变压器组接线方式因其结构简洁、所需电气设备少、配电装置设计简便而受到青睐；但是，当其中任一设备发生故障或需要检修时，整个变电所将需要全面停电，其供电可靠性相对较低。因此，这种接线方式一般适用于对供电要求不高的小型企业或非生产用户。

2) 桥形接线

桥形接线作为一种特定的电气接线方式，其核心特点是在两路电源进线之间跨接了一个断路器。根据跨接位置的不同，桥形接线可分为内桥形接线和外桥形接线两种形式。

内桥形接线是指跨接断路器位于进线断路器的内侧，即靠近变压器的一侧，如图 3-4(a) 所示。在此接线方式中，来自两个独立电源的 WL1、WL2 线路，通过相应的隔离开关 (QS1、QS2、QS3、QS4、QS5、QS6) 和断路器 (QF1、QF2) 分别连接到变压器 T1、T2 的高压侧；同时，通过隔离开关 QS7、断路器 QF3 和隔离开关 QS8，两线路之间形成跨接，实现电能的相互传输。内桥形接线在操作上，对于供电线路的接通与断开较为方便，但是，对于变压器的操作则相对繁琐。因此，该接线方式适用于供电线路较长、负荷较为平稳，且主变压器不需要频繁操作的场景。

外桥形接线则是指跨接断路器位于进线断路器的外侧，即靠近电源进线侧，如图 3-4(b) 所示。在此接线方式中，当需要对变压器 T1 进行检修或操作时，仅需断开相应的断路器 QF1 和隔离开关 QS2 即可实现。然而，当 WL1 线路出现故障或需要检修时，操作则相对复杂，需要断开多个断路器 (QF1、QF3) 和隔离开关 (QS1)，并通过其他线路进行供电。外桥形接线在变压器的接通与断开操作上较为方便，但在供电线路的接通与断开上则较为复杂。因此，该接线方式更适用于供电线路较短、用户负荷变化大，且主变压器需要频繁操作的场景。

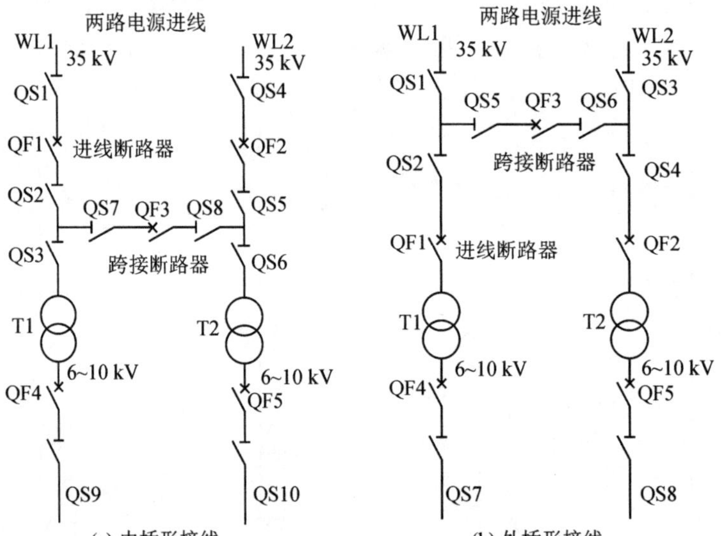

图 3-4　桥型接线

2. 单母线主接线

单母线主接线系统按照其结构和功能可分为三种类型：单母线无分段接线、单母线分段接线、单母线分段带旁路母线接线。

1) 单母线无分段接线

单母线无分段接线是一种基础的接线方式，如图 3-5 所示。电源进线通过隔离开关和断路器直接接入母线，再由母线分出多个分支线路，为多个用户提供电能。单母线无分段接线的优点是接线简单，所需设备少，造价低且操作便捷，扩建也较为容易。然而，其缺点在于供电可靠性较低。当母线、隔离开关、断路器中的任一元件发生故障或检修时，整个供电系统需要停电，会影响供电连续性。

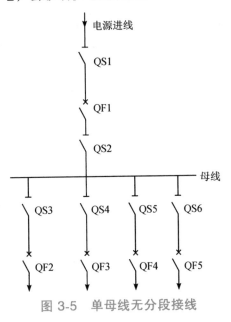

图 3-5　单母线无分段接线

2) 单母线分段接线

单母线分段接线是在单母线无分段接线的基础上，通过断路器将母线分为若干段（通常为两段），如图 3-6 所示。这种接线方式允许母线分段后进行独立检修，这样可以提高供电的灵活性。对于重要用户，可通过不同的电源为不同母线段供电，实现分段断路器闭合时的并行运行和断开时的独立运行。该接线方式在母线无故障或检修时，能确保对用户进行连续供电，但是，当某段母线出现故障或检修时，该段母线上的用户将面临停电风险。

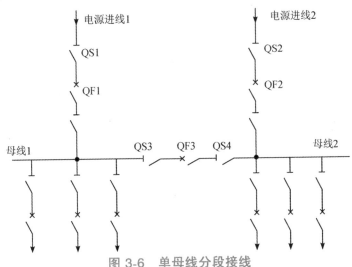

图 3-6　单母线分段接线

单母线分段接线的优点是接线简单、操作方便，除母线故障或检修外，可对用户进行连续供电；其缺点是当母线出现故障或检修时，仍有一半左右的用户停电，如果母线段二出现故障，则会导致接到该母线的用户均停电。

3) 单母线分段带旁路母线接线

单母线分段带旁路母线接线如图 3-7 所示。它是在单母线分段接线基础上增加了一条旁路母线，母线 1、母线 2 分别通过断路器 QF4、QF8 和隔离开关与旁路母线连接，用户 A、用户 B 分别通过断路器 QF5、QF6 和隔离开关与母线 1 连接；用户 C、用户 D 分别通过断路器 QF7、QF8 和隔离开关与母线 2 连接，用户 A ～ D 还通过隔离开关 QS5 ～ QS8 与旁路母线连接。

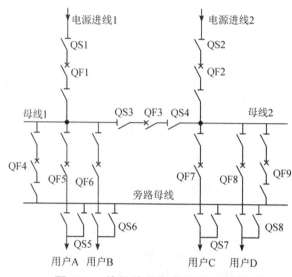

图 3-7   单母线分段带旁路母线接线

这种接线方式可以在某母线段出现故障或检修时，通过其他母线段为用户供电。例如，母线 2 出现故障或检修，为了不中断用户 C、D 的供电，可将隔离开关 QS7、QS8 闭合，将母线 1 上的电力提供给用户 C 和用户 D。

3. 双母线主接线

单母线和单母线带分段接线的主要缺点是，当母线出现故障或检修时需要对用户停电，而双母线接线可以有效克服该缺点。双母线主接线可分为双母线无分段接线和双母线分段接线等。

1) 双母线无分段接线

双母线无分段接线如图 3-8 所示。两路中的每路电源进线都分作两路，各通过两个隔离开关接到两路母线，母线之间通过断路器 QF3 联络实现并行运行。当任何一路母线出现故障或检修时，另一路母线都可以为所有用户继续供电。

2) 双母线分段接线

双母线分段 (三分段) 接线如图 3-9 所示。它用断路器 QF3 将其中一路母线分成母线 1A、母线 1B 两段，母线 1A 与母线 2 用断路器 QF4 连接，母线 1B 与母线 2 用断路器 QF5 连接。

双母线分段接线具有单母线分段接线和双母线无分段接线的特点，当任何一路母线

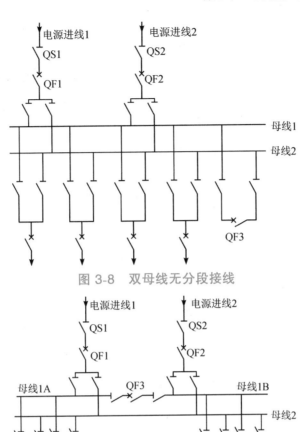

图 3-8　双母线无分段接线

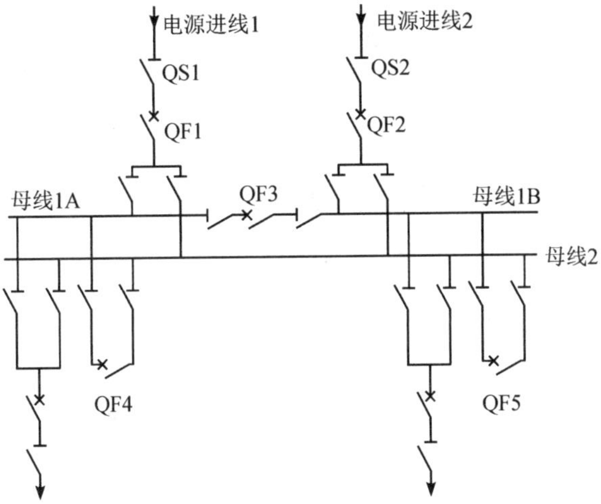

图 3-9　双母线分段（三分段）接线

（或母线段）出现故障或检修时，所有用户均不间断供电，可靠性很高，广泛应用在 6～10 kV 供配电系统中。

有些大型工厂在生产时需要消耗大量的电能，为了满足需要，这样的工厂需要向供电部门申请接入 35 kV 的电能（电压越高，相同线路可传输更多的电能），而小型工厂通常不需要太多的电能，故其变电所接入电源的电压一般为 6～10 kV，再用小容量变压器将 6～10 kV 电压转换为 220/380 V 电压。

3.1.3　电力系统中性点接地方式

电力系统中性点是指星形连接的变压器或发电机绕组的中间点。所谓系统的中性点运行方式，是指系统中性点与大地的电气联系方式，或简称系统中性点的接地方式。

根据中性点与地的关系，以及电气装置的外露可导电部分与大地的关系，国际电工

委员会 (IEC) 对此作了统一规定，以拉丁字母作代号，将其分别称为 IT 系统、TT 系统和 TN 系统。TN 系统又分为 TN-S 系统、TN-C 系统和 TN-C-S 系统三种形式。

第一个字母表示电源端与地的关系。T 表示电源端有一点直接接地；I 表示电源端所有带电部分不接地或有一点通过阻抗接地。

第二个字母表示电气装置的外露可导电部分与地的关系。T 表示电气装置的外露可导电部分直接接地，此接地点在电气上独立于电源端的接地点；N 表示电气装置的外露可导电部分与电源端接地点有直接电气连接。

短横线 "-" 后面的字母用来表示中性导体与保护导体的组合情况。S 表示中性导体和保护导体是分开的；C 表示中性导体和保护导体是合一的。

1. IT 系统

IT 系统是电源中性点不接地或经阻抗 (1000 Ω) 接地，用电设备外壳直接接地的系统，称为三相三线制系统，如图 3-10 所示。IT 系统中，连接设备外壳可导电部分和接地体的导线，就是 PE 线。

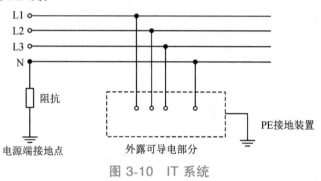

图 3-10　IT 系统

在 IT 系统内，电气装置带电导体与地绝缘，电源的中性点经高阻抗接地；装置外导电部分经电气装置的接地极接地。由于该系统出现第一次故障时故障电流小，电气设备金属外壳不会产生危险性的接触电压，因此可以不切断电源，使电气设备继续运行，并通过报警装置及检查消除故障。

2. TT 系统

TT 系统就是电源中性点直接接地、用电设备外壳也直接接地的系统，称为三相四线制系统，如图 3-11 所示。通常将电源中性点的接地叫作工作接地，而设备外壳接地叫作保护接地。TT 系统中，这两个接地是相互独立的。设备接地可以是每一设备都有

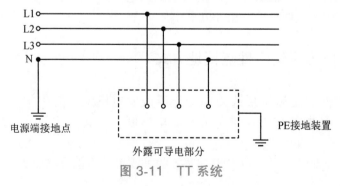

图 3-11　TT 系统

各自独立的接地装置，也可以是若干设备共用一个接地装置。

3. TN 系统

我国 380 V/220 V 低压配电一般采用中性点直接接地的 TN 系统，并引出中性线 (N 线)、保护线 (PE 线) 或保护中性线 (PEN 线)。中性线 (N 线) 的作用：一是用来接相电压为 220 V 的单相用电设备；二是用来传导三相系统中的不平衡电流和单相电流；三是减少负载中性点电压偏移。保护线 (PE 线) 的作用是保障人身安全，防止触电事故发生。通过 PE 线将设备外露可导电部分连接到电源的接地点去，当用电设备发生单相接地故障时，就形成单相短路，使线路过电流保护装置动作，迅速切除故障部分，从而防止人身触电。

TN 系统为确保 PE 线或 PEN 线安全可靠，除在电源中性时直接接地外，对 PE 线和 PEN 线还必须进行必要的重复接地。

1) TN-S 系统

TN-S 系统如图 3-12 所示。图中中性线 N 与 TT 系统相同，在电源中性点工作接地，而用电设备外壳等可导电部分通过保护线 PE 连接到电源中性点上。在这种系统中，中性线 N 和保护线 PE 是分开的。TN-S 系统是我国现在应用最为广泛的一种系统，又称三相五线制系统，这种系统的特点是公共 PE 线在正常情况下没有电流通过，因此不会对接在 PE 线上的其他用电设备产生电磁干扰。另外，由于其 N 线与 PE 线分开，因此其 N 线即使断线也并不影响接在 PE 线上的用电设备的安全；适用于新建楼宇，爆炸、火灾危险性较大或安全要求高的场所，如科研院所、计算机中心、通信局站等。

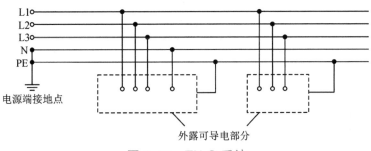

图 3-12　TN-S 系统

2) TN-C 系统

TN-C 系统如图 3-13 所示，它将 PE 线和 N 线的功能综合起来，由一根称为保护中性线 PEN 同时承担保护线和中性线两者的功能，又称三相四线制系统。在用电设备处，

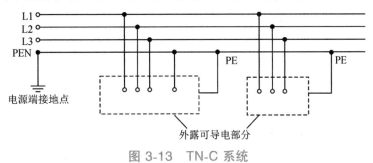

图 3-13　TN-C 系统

PEN 线既连接到负荷中性点上，又连接到设备外壳等可导电部分。当三相负荷不平衡或接有单相用电设备时，PEN 线上均有电流通过。这种系统一般能够满足供电可靠性的要求。但是，当 PEN 线断线时，可使设备外露可导电部分带电，对人有触电危险，故对安全可靠性要求较高及用电设备对抗电磁干扰要求较严的场所不允许使用。TN-C 系统现在已很少采用，尤其在民用配电中已不允许采用 TN-C 系统。

3) TN-C-S 系统

TN-C-S 系统是 TN-C 系统和 TN-S 系统的结合形式，如图 3-14 所示。在 TN-C-S 系统中，从电源出来的那一端采用 TN-C 系统，只能起到传输作用，到用电负荷附近某一点处，将 PEN 线分开成为单独的 N 线和 PE 线，从这一点开始，系统相当于 TN-S 系统。TN-C-S 系统也是现在应用比较广泛的一种系统。这里采用了重复接地这一技术，此系统适用于厂内变电站、厂内低压配电场所及民用旧楼改造。

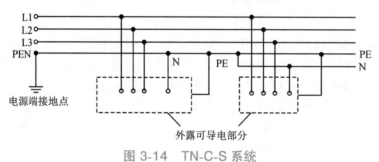

图 3-14　TN-C-S 系统

3.2　车间常用电气设备

车间常用的电气设备主要包括电力变压器、互感器、电力电容器等一次设备；对一次设备进行测量控制监视和保护用的设备称为二次设备，如测量仪表、继电保护和自动装置、整流设备等。用控制电缆把变电所二次设备按设计要求连接起来构成电气二次回路，通常称为二次接线。

3.2.1　电力变压器

电力变压器是一种用于变换交流电压的设备。其主要功能是升高或降低电压，以利于电能的合理输送、分配和使用。

1) 电力变压器的结构

电力变压器通常由一个铁芯和至少两个相互绝缘的线圈构成。这两个线圈中，一个被称为"原边绕组"，负责接收电能，另一个则被称为"副边绕组"，负责输出电能。电力变压器如图 3-15 所示。电力变压器的符号如图 3-16 所示，用于在电气图纸中明确标识其位置与功能。电力变压器各部件的功能说明如表 3-3 所示。

(a) 外观图

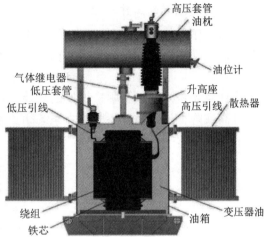
(b) 内部图

图 3-15　电力变压器

形式1　　形式2　　形式3

图 3-16　电力变压器的符号

表 3-3　电力变压器各部件的功能说明

名称	说　　明
铁芯	铁芯是变压器电磁感应的磁通路，由导磁性能较好的硅钢片叠装组成闭合磁路
绕组	绕组是变压器的电路部分，分一次绕组和二次绕组，由绝缘性能好的铜线或铝线绕制而成，套在变压器的铁芯上，与铁芯一起产生电与磁的能量转换
油箱	油箱是变压器的外壳，内装铁芯、绕组和变压器油，并且有一定的散热作用
油枕	油枕在油箱的上部，并且和油箱相通，起着储油及补充油箱内变压器油的作用，以保证油箱内充满油，减少油和空气的接触面，防止变压器油被加速氧化和受潮
绝缘瓷套管	绝缘瓷套管是变压器一、二次绕组到油箱外部引出线的绝缘装置，起着固定引出线和对外壳绝缘的作用
散热器	散热器装在变压器的外壳周围，与油箱相通，油箱内的变压器油通过散热器上下循环，把热量散发到空气中去，达到冷却的目的

2) 电力变压器的工作原理

电力变压器的工作原理基于法拉第电磁感应定律，当原边绕组通以交流电时，会在铁芯中产生交变磁通，这个交变磁通又会穿过副边绕组，从而在副边绕组中感应出电动势。根据电压与匝数比的关系，原边与副边绕组之间的电压与它们的匝数成正比。此外，变压器还具备电流变换和阻抗变换的功能，通过调整原副边绕组的匝数比，可以实现电压的升高或降低，以适应不同电力系统和负载的需求。

3) 电力变压器的参数

电力变压器的参数可以指导变压器的设计、选型与运行维护，保障电力供应质量。其具体参数如表 3-4 所示。

表 3-4　电力变压器的参数

参数	含　义
电压比	变压器的电压比 n 与一次、二次绕组的匝数和电压之间的关系如下：$$n = U_1/U_2 = N_1/N_2$$式中，N_1 为变压器一次（初级）绕组，N_2 为二次（次级）绕组，U_1 为一次绕组两端的电压，U_2 是二次绕组两端的电压。升压变压器的电压比 n 小于 1，降压变压器的电压比 n 大于 1，隔离变压器的电压比 n 等于 1。
额定功率	额定功率是指电源变压器在规定的工作频率和电压下，能长期工作而不超过限定温度时的输出功率，变压器的额定功率与铁芯截面积、漆包线直径等有关，变压器的铁芯截面积大、漆包线直径粗，其输出功率也大
工作频率	变压器有一定的工作频率范围，不同工作频率范围的变压器，一般不能互换使用，因为变压器在其频率范围以外工作时，会出现工作时温度升高或不能正常工作等现象
效率	效率是指在额定负载时变压器输出功率与输入功率的比值，该值与变压器的输出功率成正比，即变压器的输出功率越大，效率也越高；变压器的输出功率越小，效率也越低
铜损	铜损是指变压器线圈电阻所引起的损耗，当电流通过线圈电阻发热时，一部分电能就转变为热能而损耗，由于线圈一般都由带绝缘的铜线缠绕而成，因此称为铜损
铁损	铁损包括两个方面：一方面是磁滞损耗，当交流电流通过变压器时，通过变压器硅钢片的磁力线，其方向和大小随之变化，使得硅钢片内部分子相互摩擦，放出热能，从而损耗了一部分电能，这便是磁滞损耗；另一方面是涡流损耗，当变压器工作时，铁芯中有磁力线穿过，在与磁力线垂直的平面上就会产生感应电流，由于此电流自成闭合回路形成环流，且成旋涡状，故称为涡流，涡流的存在使铁芯发热，消耗能量，这种损耗称为涡流损耗

4) 电力变压器的分类

在电气工程设计领域，电力变压器分类的主要目的在于精准匹配不同电力系统的独特需求，以实现高效、安全的电能转换过程。具体分类如表 3-5 所示。

表 3-5　电力变压器的分类

分类形式	具 体 类 型
按功能分	有升压变压器和降压变压器两大类，工厂变电所都采用降压变压器，直接供电给用电设备的终端变电所降压变压器，通常称为配电变压器，安装在总降压变电所的变压器通常称为主变压器
按相数分	有单相变压器和三相变压器两大类，工厂变电所通常采用三相变压器
按电压调节方式分	有无载调压变压器和有载调压变压器
按绕组导体材质分	有铜绕组和铝绕组变压器
按绕组形式分	有双绕组变压器、三绕组变压器和自耦变压器
按绕组绝缘冷却方式分	有油浸式、干式和充气 (SF) 式变压器等，其中油浸式变压器又可分为油浸自冷式、油浸风冷式、油浸水冷式和强迫油循环冷却式等
按用途分	有普通电力变压器、全封闭变压器和防雷变压器

5) 电力变压器的型号含义

变压器型号中的字母代号是为了简化产品标识和交流规格信息而设计的，通常由字母和数字组成，代表着变压器的各种属性和特征。这些属性涉及变压器的相数、冷却方式、调压方式、绕组线芯材料、绕组连接方式等内容，如图 3-17 所示。

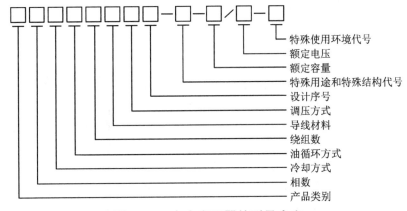

图 3-17　电力变压器的型号含义

例如，S9-800/10 型表示为三相铜绕组油浸式电力变压器，性能水平为 S9 系列，额定容量为 800 kV·A，高压绕组电压等级是 10 kV。

电力变压器型号的字母构成含义如表 3-6、表 3-7 所示。

表 3-6 电力变压器型号构成含义表 1

产品类别代号	相数	绕组外绝缘介质	冷却方式
O 表示自耦变压器，通用电力变压器不标	D 表示单相变压器	G 表示空气	F 表示风冷式
H 表示电弧炉变压器	S 表示三相变压器	Q 表示气体	W 表示水冷式
C 表示感应电炉变压器	—	C 表示成型固体浇注式	油浸自冷式和空气自冷式可以不标注
Z 表示整流变压器	—	CR 表示包绕式	—
K 表示矿用变压器	—	R 表示难燃液体	—
Y 表示试验变压器	—	变压器油可以不标注	—

表 3-7 电力变压器型号构成含义表 2

油循环方式	绕组数	导线材料	调压方式
N 表示自然循环	S 表示三绕组	L 表示铝绕组	Z 表示有载调压
O 表示强迫导向循环	F 表示双分裂绕组	B 表示铜箔	无载调压可以不标注
P 表示强迫循环	双绕组可以不标注	LB 表示铝箔	—
—	—	铜绕组可以不标注	—

6) 电力变压器的选用

电力变压器的选用原则如表 3-8 所示。

表 3-8 电力变压器的选用原则

选用原则	内　　容
效率	变压器的额定效率在 95% 以上，负荷效率在 50% ~ 100% 时较为理想
负荷性质	变压器台数应根据负荷性质进行选择，当符合下列条件之一时，宜装设两台及以上变压器： 有大量一级或二级负荷； 季节性负荷变化较大； 集中负荷较大
容量	装有两台及以上变压器的变电站，当其中任何一台变压器断开时，其余变压器的容量应满足一级负荷及二级负荷的用电。 变压器低压侧电压为 0.4 kV 时，单台变压器容量不宜大于 2000 kV·A，当仅有一台时，不宜大于 1250 kV·A；预装式变电站变压器容量采用干式变压器时不宜大于 800 kV·A，采用油浸式变压器时不宜大于 630 kV·A
运行环境	设置在民用建筑内的变压器，应选择干式变压器、气体绝缘变压器、非可燃性液体绝缘变压器；配电室、箱式变电站内变压器应选用 13 型及以上系列低损耗油浸全密封变压器；楼内配电室应选用 10 型及以上系列低损耗干式变压器
防护等级	干式变压器外壳防护等级不低于 IP2X，与低压配电柜并列安装时，其外壳的防护等级不低于 IP3X

3.2.2　互感器

在电力系统中，电流互感器 (CT) 和电压互感器 (VT) 基于电磁感应原理，将高电压或大电流信号准确地转换为低电压或小电流信号，以便在后续的测量设备和保护装置时使用。这种转换不仅保障了测量设备在安全工作电压或电流范围内运行，而且提升了电力系统监控的精确性。互感器的功能及其作用如表 3-9 所示。

表 3-9　互感器的功能及其作用

功能	作　用	备　注
变换功能	将一次回路的高电压变为二次回路的低电压；将一次回路的大电流变为二次回路的小电流	此功能可使测量仪表和保护等装置标准化、小型化
隔离功能	使二次设备和工作人员与高电压部分隔离	互感器二次侧必须一端接地，以保证人身和设备的安全

1. 电流互感器

电流互感器 (Current Transformer， CT) 作为电力系统中的关键测量元件，其功能是将大电流信号转换为小电流信号，以便于后续的测量与监控，如图 3-18 所示。该设备广泛应用于电力系统的保护与测量领域，如配合电流表进行电流值的读取，以及为继电保护设备提供准确的电流信号，从而确保电力系统的稳定运行与故障保护。

图 3-18　电流互感器

1) 电流互感器的结构

电流互感器的结构及接线如图 3-19 所示。它由铁芯、一次绕组、二次绕组等组成。其结构特点是：一次绕组匝数少，导线粗；而二次绕组匝数较多，导线较细。电流互感器的一次绕组串接在一次回路中，二次绕组与负荷的电流线圈串联，形成闭合回路。电流互感器的符号如图 3-20 所示。

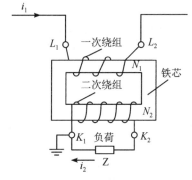

图 3-19　电流互感器的结构及接线

图 3-20　电流互感器的符号

电流互感器的变流比用 K_i 表示，则

$$K_i = \frac{I_{1N}}{I_{2N}} = \frac{N_2}{N_1} \tag{3-1}$$

式中：I_{1N}、I_{2N} 分别为电流互感器一次侧和二次侧的额定电流值；N_1、N_2 分别为一次绕组和二次绕组匝数。

2) 电流互感器的工作原理

根据法拉第电磁感应定律，当磁通量在一次线圈中发生变化时，会在一次线圈两端产生一个感应电动势。因此，该电动势的大小与通过一次线圈的电流成正比，使得我们能够根据一次线圈中的电动势推算出待测电流的具体值。

二次线圈被绕制在与一次线圈相同的铁芯上。由于铁芯中磁通量的变化与一次线圈中的电流变化保持严格的正比关系，因此二次线圈中的感应电压也将与一次线圈中的电流成正比。通过精心设计二次线圈的绕制比（匝数比），我们可以实现将大电流值的一次线圈信号转换为小电流值的二次线圈信号，便于后续测量设备的使用。

3) 电流互感器的参数

电流互感器的参数直接影响其测量准确度，具体的参数如表 3-10 所示。

表 3-10　电流互感器的参数

参数	含　义
电流比	即一次侧电流和二次侧电流的比
精度	电流互感器的精度有 0.1、0.2、0.5、1、3、5 等，表示互感器测量的误差，精度值越小，测量的误差越小
额定一次电流	电流互感器在不饱和的情况下能够处理的最大电流。选择与系统中预期最大电流相匹配的额定一次电流非常重要。例如，如果电路中的最大电流预计为 1000 A，那么额定一次电流为 1200 A 的电流互感器是合适的选择
额定二次电流	电流互感器在额定一次电流通过时输出的电流。常用的额定二次电流为 1 A 和 5 A。选择额定二次电流取决于连接设备或仪器的要求。例如，如果连接设备设计为接受 5 A 电流输入，则应选择额定二次电流为 5 A 的电流互感器
负载	电流互感器可以驱动的负载阻抗，而不会出现显著的电压降。负载通常以欧姆表示
频率	表示电流互感器能够准确测量电流的频率范围，大多数电流互感器设计用于标准的电流频率范围，即 50 Hz 或 60 Hz，这些应用需要在更高的频率下进行测量，例如，在电力电子或可再生能源系统中

4) 电流互感器的分类

根据一次电压的不同，电流互感器可分为高压型和低压型两大类，以适应不同电压等级的电力系统需求。按照一次绕组匝数的差异，可分为单匝式和多匝式电流互感器，以应对不同电流测量精度的要求。在用途上，电流互感器可进一步细分为测量用和保护用两种，测量用互感器主要用于电流值的精确测量，而保护用互感器则侧重于在电力系

统中提供故障保护。此外，根据绝缘介质类型的不同，电流互感器还分为油浸式、环氧树脂浇注式、干式，以及 SF6 气体绝缘等多种类型，这些不同类型的绝缘介质为电流互感器提供了不同的绝缘性能和运行环境适应性。

5) 电流互感器的型号

电流互感器的型号是由 2 ～ 4 位拼音字母及数字组成的，通常能表示出电流互感器的线圈型式、绝缘种类、导体的材料及使用场所等。横线后面的数字表示绝缘结构的电压等级 (4 级)。电流互感器的型号含义如图 3-21 所示。

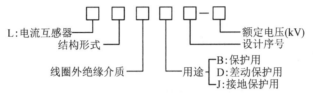

图 3-21　电流互感器的型号含义

LMZJ1-0.5 型电流互感器穿过铁芯的母线就是其一次绕组 (按内匝算为 1 匝)，如图 3-22(a) 所示。LQJ-10 型电流互感器具有两个不同的铁芯和二次绕组，分别用于测量和保护，测量用的铁芯易于饱和，保护用的铁芯不易饱和，如图 3-22(b) 所示。

(a) LMZJ1-0.5型　　　　　　　　(b) LQJ-10型

图 3-22　电流互感器

6) 电流互感器的接线方式

在车间变配电所的主线路中，由于电流值极大，直接进行电流的测量和取样不仅困难重重，而且存在安全风险。因此，通常选用穿心式电流互感器作为测量工具。在此类互感器中，主线路导线直接穿过中心，形成一次绕组，而二次绕组则与电流继电器或测量仪表相连，实现电流的间接测量。

电流互感器在结构上分为单二次侧和双二次侧两种类型，其图形符号如图 3-23 所示，这些符号准确地反映了电流互感器的物理结构和电气特性。

在三相电路中，电流互感器有四种常见的接线方式，这些接线方式的选择取决于电力系统的具体需求、保护配置及测量精度等因素。通过合理的接线配置，电流互感器能够准确地反映电路中的电流情况。

一相式接线如图 3-24 所示。它是以二次侧电流线圈中通过的电流来反映一次回路对应相的电流，该接线方式一般用于负荷平衡的三相电路，用作测量电流和过负荷保护装置用。

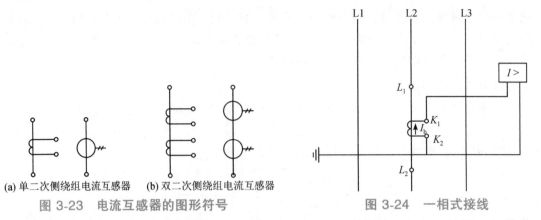

(a) 单二次侧绕组电流互感器   (b) 双二次侧绕组电流互感器

图 3-23   电流互感器的图形符号   图 3-24   一相式接线

两相 V 形接线如图 3-25 所示，又称两相不完全星形接线。电流互感器一般接在 L1、L3 相，流过二次侧电流线圈的电流反映一次回路对应相的电流，而流过公共电流线圈的电流则反映一次回路 V 相的电流。这种接线方式广泛应用于 6～10 kW 高压线路中，用作测量三相电能电流和过负荷保护。

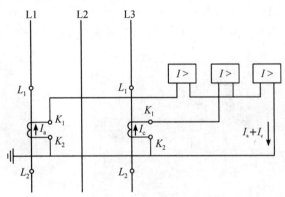

图 3-25   两相 V 形接线

两相交叉接线（两相电流差接线）如图 3-26 所示，又称两相 - 继电器接线。电流互感器一般接在 L1、L3 相。这种接线方式在不同的短路故障时反映到二次侧电流线圈的电流会有不同，该接线方式主要用于 6～10 kW 高压电路中的过电流保护。

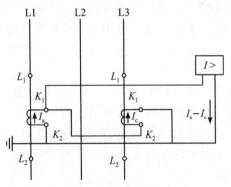

图 3-26   两相交叉接线

三相星形接线如图 3-27 所示。该接线流过二次侧各电流线圈的电流分别反映一次回路对应相的电流，广泛应用于负荷不平衡的三相四线制系统和三相三线制系统中，用

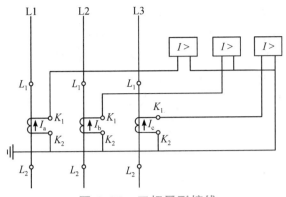

图 3-27　三相星形接线

作电能、电流的测量及过电流保护。

7) 电流互感器的选用

电流互感器的选用涉及多个方面的考虑，包括被测电流范围、精度等级、额定敏感特性、外形尺寸、特殊要求等。

(1) 被测电流范围：选择电流互感器时，要根据电力系统中需要测量的最大电流确定互感器的额定次级电流。一般情况下，电流互感器的额定次级电流为被测电流的10倍，以保证测量的准确性和可靠性。

(2) 精度等级：电流互感器的精度等级决定了其测量的准确性。一般情况下，电流互感器的精度等级为 0.2 级或 0.5 级，根据具体的要求和成本考虑进行选择。

(3) 额定敏感特性：电流互感器的额定敏感特性决定了其输出信号与输入信号之间的线性关系。常见的额定敏感特性有线性特性、尖峰特性和反尖峰特性等，根据具体的应用需求进行选择。

(4) 外形尺寸：电流互感器的外形尺寸需要与被测电流回路的尺寸相匹配，确保安装和连接的便捷性；同时，还需要考虑电流互感器的安装方式，如固定式、插拔式等。

(5) 特殊要求：根据具体的应用场景，还需要考虑一些特殊要求，如耐热性、抗震性、防爆性等，以确保电流互感器能够在恶劣的工作环境下正常运行。

8) 电流互感器使用注意事项

电流互感器工作时二次侧不得开路。二次侧开路时，会感应出很高的电动势，危及人身和设备安全；因此，不允许在其二次侧接入开关或熔断器。拆换二次仪表或继电器前，应先将其两端短接，拆换后再拆除短接线。

电流互感器二次侧必须有一端接地，防止一、二次绕组间绝缘击穿时，一次侧高压"窜入"二次侧，危及人身和二次设备安全。

电流互感器在接线时，必须注意其端子的极性。按规定，电流互感器一次绕组的 L_1 端和 L_2 端分别与二次绕组的 K_1 端和 K_2 端是同名端。

2. 电压互感器

电压互感器可以将高电压转换为较低的、便于测量的电压。电压互感器主要应用于电力系统的保护和测量，如电压表、继电保护设备等。

1) 电压互感器的结构

电压互感器的结构及接线如图 3-28 所示，它由铁芯、一次绕组、二次绕组等组成。一次绕组并联在一次回路上，一次绕组匝数较多，二次绕组的匝数较少，相当于降压变压器。电压互感器的变压比用 K_U 表示，则

$$K_U = \frac{U_{1N}}{U_{2N}} = \frac{N_1}{N_2} \tag{3-2}$$

式中：U_{1N}、U_{2N} 分别为电压互感器一次绕组和二次绕组的额定电压；N_1、N_2 分别为一次绕组和二次绕组的匝数。电压互感器的符号如图 3-29 所示。

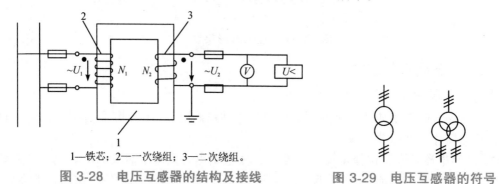

1—铁芯；2——一次绕组；3—二次绕组。

图 3-28　电压互感器的结构及接线　　　图 3-29　电压互感器的符号

2) 电压互感器的工作原理

电压互感器的工作原理与变压器类似，其核心功能在于对电力线路中的电压进行变换。电压互感器的输入端直接接入电力线路，而其输出端则与电压表相连。由于电压互感器设计时采用了输入线圈匝数大于输出线圈匝数的结构，根据变压器的变压原理，输出电压将小于输入电压，从而实现电压的降低。

3) 电压互感器的参数

电压互感器的具体参数如表 3-11 所示。监测电压互感器的参数变化可以帮助及时发现潜在故障。通过优化电压互感器的参数，可以降低电力系统的能耗和损耗。例如，选择具有较低额定负荷和较高准确度的互感器可以降低系统能耗，提高能源利用效率。

表 3-11　电压互感器的参数

参　数	含　义
一次额定电压	电压互感器的一次额定电压是一次绕组能长期正常工作的电压。对于三相电压互感器，一次额定电压是指一次绕组的线电压，它需与接入系统的线电压对应，规定为 6 kV、10 kV、35 kV、60 kV、110 kV、220 kV、330 kV、500 kV 等
二次额定电压	电压互感器的二次额定电压是二次绕组能长期正常工作的电压。对于三相电压互感器，二次额定电压是指二次绕组的线电压，规定为 100 V；对于三只单相电压互感器组成的供三相系统线与地之间用的电压互感器，则单相电压互感器的二次电压是指二次绕组的相电压，应为 $100/\sqrt{3}$ V
额定变比	电压互感器的额定变比是一次额定电压与二次额定电压之比
准确度等级	指电压互感器的误差与准确度的关系。电压互感器由于铁芯励磁、损耗等会产生误差，同时随所接负荷性质和大小也会产生误差

4) 电压互感器的分类

常用电压互感器的分类如表 3-12 所示。

表 3-12　常用电压互感器的分类

分类形式	具体类别
按安装地点分	可分为户内式和户外式。35 kV 及以下多制成户内式；35 kV 以上则制成户外式
按相数分	可分为单相式和三相式，35 kV 及以上不能制成三相式
按绕组数目分	可分为双绕组和三绕组电压互感器，三绕组电压互感器除一次侧和基本二次侧外，还有一组辅助二次侧，供接地保护用
按绝缘方式分	可分为干式、浇注式、油浸式和充气式。干式电压互感器结构简单、无着火和爆炸危险，但绝缘强度较低，只适用于 6 kV 以下的户内式装置；浇注式电压互感器结构紧凑、维护方便，适用于 3 kV ～ 35 kV 户内式配电装置；油浸式电压互感器绝缘性能较好，可用于 10 kV 以上的户外式配电装置；充气式电压互感器用于 SF6 全封闭电器中
按工作原理分	可分为电磁式电压互感器、电容式电压互感器、电子式电压互感器

5) 电压互感器的型号含义

电压互感器型号由以下几部分组成，如图 3-30 所示。第一个字母 J 表示电压互感器；第二个字母表示相数，其中，D 表示单相，S 表示三相；第三个字母表示绝缘方式，其中 J 表示油浸式，Z 表示树脂浇注式；第四个字母表示结构形式；末尾数字表示电压等级(kV)。

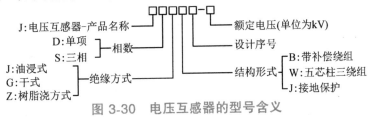

图 3-30　电压互感器的型号含义

6) 电压互感器的选用

电压互感器不仅能够确保电压监测的准确性，而且应具备足够的动稳定负载容量和冲击负载容量，在短路或瞬态过电压等情况下，能够正常工作并提供准确的电压信号。

(1) 电压互感器的配置应能保证在运行方式改变时，保护装置不得失去电压。

(2) 35 kV 及以上系统一般采用单相式电压互感器，20 kV 及以下系统可采用单相式或三相式 (三柱或五柱) 电压互感器。

(3) 对于系统高压侧为非有效接地系统，可用两个单相互感器接于相间电压或 V/V 接线，供电给接于相间电压的仪表和继电器，用于主接线较简单的变电站。

(4) 采用一个三相三绕组电压互感器或三个单相三绕组电压互感器接成 Y/Y- △ 的接线。供仪表和继电器接于三个线电压，剩余电压二次绕组接成开口三角形，构成零序电压过滤器，用于需要绝缘监视的变电站。

(5) 电压互感器的一次侧隔离开关断开后，其二次回路应有防止电压反馈的措施。

(6) 对 V/V 接线的电压互感器，宜采用 L2 相一点接地，L2 相接地线上不应串接有可能断开的设备。

(7) 电压互感器剩余电压二次绕组的引出端之一应一点接地，接地引线上不应串接有可能断开的设备。

(8) 选择二次绕组额定输出时，应保证二次实接负荷在额定输出的 25% ～ 100% 范围内，以保证互感器的准确度。

7) 电压互感器的接线方式

电压互感器在三相电路中有四种常见接线方式。

(1) 一个单相电压互感器的接线如图 3-31 所示，可将三相电路的一个线电压供给仪表和继电器。

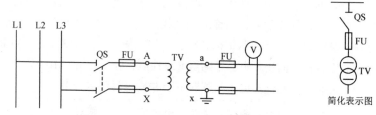

图 3-31　一个单相电压互感器的接线

(2) 两个单相电压互感器的接线 (V/V 接线) 如图 3-32 所示，可将三相三线制电路的各个线电压提供给仪表和继电器，该接法广泛用于工厂变配电所 6 ～ 10 kV 高压装置中。

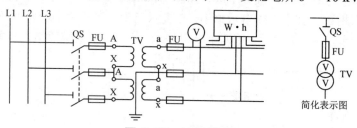

图 3-32　V/V 接线

(3) 三个单相电压互感器的接线 (Y_0/Y_0 接线) 如图 3-33 所示，可将线电压提供给仪表、继电器，还能将相电压提供给绝缘监察用电压表。为了保证用电安全，绝缘监察电压表应按线电压选择。

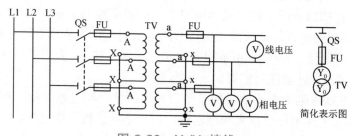

图 3-33　Y_0/Y_0 接线

(4) 三个单相三绕组电压互感器或一个三相三绕组电压互感器的接线 ($Y_0/Y_0/ \triangle$ 接线)，如图 3-34 所示。接成 Y_0 的二次绕组将线电压提供给仪表、继电器或绝缘监视用电压表，Y_0 接线与图 3-33 相同。辅助二次绕组接成开口三角形并与电压继电器连接。当一次侧电压正常时，由于三个相电压对称，因此开口三角形绕组两端的电压接近于零；当某一相接地时，开口三角形绕组两端将出现近 100 V 的零序电压，使电压继电器动作，发出单相接地信号。

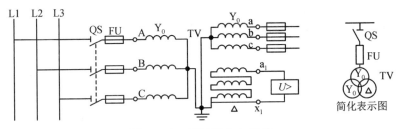

图 3-34　Y0/Y0/ △接线

8) 电压互感器使用注意事项

(1) 电压互感器在工作时，其一次侧、二次侧不得短路。一次侧短路时会造成供电线路短路；二次回路发生短路时，有可能造成电压互感器烧毁。因此，电压互感器一次侧、二次侧都必须装设熔断器进行短路保护。

(2) 电压互感器二次侧必须有一端接地，这样做的目的是防止一次绕组、二次绕组间的绝缘击穿时，一次侧的高压"窜入"二次回路中，危及人身及二次设备安全。通常，可以将公共端接地。

(3) 电压互感器在接线时，必须注意其端子的极性。

3.2.3　电力电容器

电力电容器是电力系统中用于存储和释放电能的装置，对于提高电力系统的功率因数、稳定电压等具有重要作用。

1) 电力电容器的结构

在电力系统中，额定电压在 1 kV 及以下的电容器称为低压电容器，而额定电压高于 1 kV 的则称为高压电容器。电力电容器的外观如图 3-35 所示，电气符号如图 3-36 所示。

图 3-35　电力电容器的外观

图 3-36　电力电容器的电气符号

电力电容器的外壳通常采用密封钢板焊接工艺，这样可以确保整体结构的稳固性和密封性，以适应各种复杂的工作环境。其内部核心部分，即芯子，由多个电容元件按照特定的串并联方式组合而成。这些电容元件的电极材料多为铝箔，其导电性能优良且成本适中。而绝缘材料则选择复合薄膜，因其具有良好的电气绝缘性能和机械强度。为了进一步提高电容器的电气性能和散热效率，电容器内部通常填充有绝缘油，如矿物油或十二烷基苯等，作为浸渍介质。这种设计不仅有效提升了电容器的电气绝缘性能，使得电容器能够在高电压下稳定工作，而且通过绝缘油的流动和循环，能够有效地散发因电流通过而产生的热量，从而确保电容器的长期稳定运行。

2) 电力电容器的工作原理

电力电容器的工作原理基于电场效应，通过电场的作用实现电能的存储与释放。具体而言，当电力电容器接入电源时，电流会在电容器极板间形成电场，导致电荷在金属箔 (或称为极板) 上聚积，进而形成稳定的电场。此过程中，电能以电场能的形式存储在电容器中。一旦电源断开，原先存储在电容器内的电场能便会通过电荷的重新分布而释放出来。

3) 电力电容器的参数

电力电容器的参数如额定电压、额定频率、损耗角正切值 ($\tan\delta$) 等，直接反映了电容器的性能。了解这些参数可以帮助我们评估电容器是否能够满足电力系统的运行要求，以及是否需要进行优化或调整。电力电容器的参数及其含义如表 3-13 所示。

表 3-13 电力电容器的参数及其含义

参数	含　义
电容值	电容值是电容器的一个重要参数，它表示电容器存储电荷的能力。在电力系统中，电容器的电容值通常以微法 (μF) 为单位，其大小取决于电容器的结构、材料和尺寸等因素。一般来说，电容值越大，电容器存储电荷的能力就越强，其对电力系统的稳定性和功率因数的改善也就越明显
额定电压	额定电压是电容器的另一个重要参数，它表示电容器能够承受的最大电压。在电力系统中，电容器的额定电压通常以千伏 (kV) 为单位，其大小取决于电容器的绝缘材料和结构等因素。一般来说，额定电压越高，电容器的绝缘性能就越好，其对电力系统的稳定性和安全性也就越有保障
额定频率	额定频率是电容器的另一个重要参数，它表示电容器能够工作的频率范围。在电力系统中，电容器的额定频率通常为 50 Hz，其大小取决于电容器的结构和材料等因素。一般来说，额定频率越高，电容器的工作效率就越高，其对电力系统的功率因数的改善也就越明显
损耗角正切值	损耗角正切值是电容器的另一个重要参数，它表示电容器内部电能转换为热能的程度。在电力系统中，电容器的损耗角正切值通常以小数形式表示，其大小取决于电容器的结构和材料等因素。一般来说，损耗角正切值越小，电容器的能量损耗就越小，其对电力系统的功率因数的改善也就越明显
绝缘电阻	绝缘电阻是电容器的另一个重要参数，它表示电容器内部绝缘材料的绝缘性能。在电力系统中，电容器的绝缘电阻通常以兆欧 (MΩ) 为单位，其大小取决于电容器的绝缘材料和结构等因素。一般来说，绝缘电阻越大，电容器的绝缘性能就越好，其对电力系统的稳定性和安全性也就越有保障

4) 电力电容器的分类

电力电容器按额定电压、相数、外壳材料、用途、安装方式等多种方式分类，如并联电容器、串联电容器等，这些分类有助于明确电容器在电力系统中的具体应用场景，如补偿无功功率、提高系统稳定性等。电力电容器的分类形式及具体分类如表 3-14 所示。

表 3-14　电力电容器的分类形式及具体类别

分类形式	具 体 类 别
按额定电压分	可分为低压和高压两类
按相数分	可分为单相和三相两种，除低压并联电容器外，其余均为单相
按外壳材料分	可分为金属外壳、瓷绝缘外壳、胶木筒外壳等
按安装方式分	可分为户内式和户外式两种
按用途分	① 并联电容器原称移相电容器，主要用于补偿电力系统感性负荷的无功功率，提高功率因数，改善电压质量，降低线路损耗； ② 串联电容器指串联于工频高压输、配电线路中，用以补偿线路的分布感抗，提高系统的静、动态稳定性，改善线路的电压质量，加长送电距离和增大输送能力； ③ 耦合电容器主要用于高压电力线路的高频通信、测量、控制、保护，以及在抽取电能的装置中作部件用； ④ 断路器电容器原称均压电容器，可以并联在超高压断路器断口上，起均压作用，使各断口间的电压在分断过程中和断开时均匀，并可改善断路器的灭弧特性，提高分断能力； ⑤ 电热电容器用于频率在 40 ～ 24 000 Hz 的电热设备系统中，以提高功率因数，改善回路的电压或频率等特性； ⑥ 脉冲电容器主要起储能作用，用作冲击电压发生器、冲击电流发生器、断路器试验用振荡回路等基本储能元件； ⑦ 直流和滤波电容器用于高压直流装置和高压整流滤波装置中； ⑧ 标准电容器用于工频高压测量介质损耗回路中，作为标准电容或用作测量高压的电容分压装置

5) 电力电容器的型号含义

电力电容器型号中的字母部分常用来表示电容器的材料、浸渍物、介质材料等信息。例如，某些型号可以直接反映电容器是否采用金属化膜、是否油浸等特性。电力电容器的型号含义，如图 3-37 所示。

6) 电力电容器的选用

在电气工程中，电力电容器的正确选择关乎电力系统的稳定运行，设计人员在选用时需综合考虑电网特性、负载需求、环境条件及谐波影响等因素。

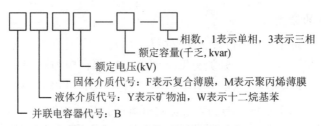

相数，1表示单相，3表示三相
额定容量(千乏, kvar)
额定电压(kV)
固体介质代号：F表示复合薄膜，M表示聚丙烯薄膜
液体介质代号：Y表示矿物油，W表示十二烷基苯
并联电容器代号：B

图 3-37　电力电容器的型号含义

(1) 电网特性：电力电容器的选型与运行状态和装置的设计方式密切相关。电容器选型时，应根据电网的实际运行条件，如电压、电流等，选择相应的专用电力电容器。

(2) 负载需求：根据电力电容器的用途选择合适的型号，例如，无功补偿电容器主要由电容器主体和电容器端子组成，采用金属化聚丙烯薄膜或铝箔作为介质，确保优良的绝缘性能和稳定性。

(3) 环境条件：电力电容器的选用需考虑环境条件，如温度、湿度等。这些因素会影响电容器的性能和寿命，因此在选择时应考虑其环境适应性，确保电容器能在特定的环境条件下正常工作。

(4) 谐波影响：电网中的谐波会导致电压和电流的非线性失真，使电容器承受额外的压力和损耗，进而缩短其寿命。因此，在选择电力电容器时，应优先考虑具有抗谐波能力的电容器，并考虑电容器的额定电流及其短时过载能力，确保在谐波环境下电容器能够正常运行并具有足够的安全裕度。

3.2.4　低压配电屏

低压配电屏广泛应用于建筑、工业、基础设施、农业和公共服务等领域，为各个行业提供稳定可靠的电力供应和控制。作为供电系统中重要的电力分配设备，低压配电屏以低压母线作为传输线，具有电能分配、控制、保护、测量和传输等功能，如图 3-38 所示，其功能如表 3-15 所示。

图 3-38　低压配电屏图片

表 3-15　低压配电屏的主要功能

功　能	说　明
电能分配	将输入的电能按照需要分配到不同的回路和负载上，以满足各个负载的电能需求
电能控制	通过配电开关设备和控制设备，实现对电能的手动或自动控制，包括开关、分合闸、调节负载等
电能保护	通过保护装置对电路进行监测和保护，包括过载保护、短路保护、接地保护等，确保系统和负载的安全运行
电能测量	通过仪表和测量设备对电流、电压、功率因数等参数进行测量和监测，以便于对电能的管理和分析
电能传输	通过导线和电缆等导体将电能从低压成套配电装置传输到各个负载点，以满足电能的需求

1. 低压配电屏的组成

根据不同的应用需求和技术要求，按照一定的接线方式将配电柜、开关柜、配电盘等低压设备组合在低压配电屏上，如表 3-16 所示。

表 3-16　低压配电屏设备组成

低压设备	说　明
配电柜	适用于住宅、商业建筑和小型工业场所，常见于楼宇的地下室或电力配电室，用于分配电能到各个楼层或房间
开关柜	适用于工业领域，常见于工厂车间和生产线等场所，用于对电路进行控制和保护
配电盘	适用于户外环境或需要防护的场所，具有防水、防尘、防腐等特性，常见于户外电力供应和特殊环境中
母线槽系统	用于大型工业场所和电力站，通过母线槽将电能传输到不同的负载点，具有高电流传输能力和灵活的布线方式
低压开关柜	具有较高的安全性和可靠性，适用于需要对电路进行复杂控制和保护的场所，如电力变电站、工业自动化系统等

2. 低压配电屏的型号含义

低压配电屏的型号含义包括产品名称、型号特征等关键技术参数。低压配电屏的型号含义如图 3-39 所示。

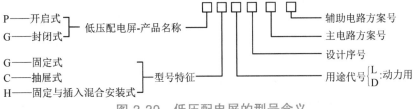

图 3-39　低压配电屏的型号含义

3. 低压配电屏的分类

低压配电屏根据不同的应用需求，常分为固定式 (常用的有 PGL 型及 GGD 型) 和抽屉式 (常用的有 GCS 型、GCK 型及 BFC 型) 两种类型，如图 3-40 所示。低压配电屏选型时，需要考虑负载需求、安全要求、可靠性要求、环境条件等因素。

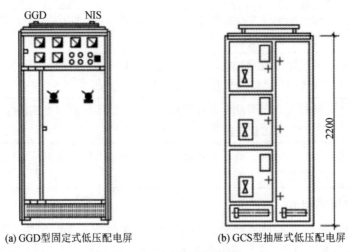

(a) GGD型固定式低压配电屏　　(b) GCS型抽屉式低压配电屏

图 3-40　低压配电屏

1) PGL 型低压配电屏

PGL 型低压配电屏 (P 表示配电屏，G 表示固定式，L 表示动力用) 分 PGL1 型和 PGL2 型两种；其中 PGL1 型分断能力为 15 kA，PGL2 型分断能力为 30 kA。PGL 型低压配电屏特点如表 3-17 所示。

表 3-17　PGL 型低压配电屏特点

序号	特　点
1	采用薄钢板焊接结构，可前后开启，双面进行维护
2	组合屏的屏间全部加有钢制的隔板，可降低事故发生率
3	主母线的电流有 1000 A 和 1500 A 两种规格，主母线安装于屏后柜体骨架上方，设有母线防护罩，以防止坠落物件而造成主母线短路事故
4	屏内外均涂有防护漆层，始端屏、终端屏装有防护侧板
5	中性母线 (零线) 装置于屏的下方绝缘子上
6	主接地点焊接在后下方的框架上，仪表门焊有接地点与壳体相连，可构成完整的接地保护电路
7	配电屏前有门，上方是仪表板，装设指示仪表

2) BFC 型低压配电屏

BFC 型低压配电屏 (B 表示低压配电柜 (板)，F 表示防护型，C 表示抽屉式) 的主要特点是：各单元的所有电器设备均安装在抽屉中或手车中，当某一回路单元发生故障时，可以换用备用手车，以便迅速恢复供电；而且，由于每个单元为抽屉式，密封性好，不会扩大事故，便于维护，提高了运行可靠性。BFC 型低压配电屏的主电器在抽屉或手车上均为插入式结构，抽屉或手车上均设有连锁装置，以防止误操作。

3) GGL 型低压配电屏

GGL 型低压配电屏 (G 表示柜式结构，G 表示固定式，L 表示动力用) 为积木组装式结构，全封闭型式，防护等级为 IP30，内部母线按三相五线设置。此种配电屏具有分断能力强、动稳定性好、维修方便等特点。

4. 低压配电屏的选用

在低压配电屏的选用过程中，设计人员需首先全面了解配电区域的用电需求，以确定配电屏出线的控制与保护方案。基于负荷分布情况及近期发展规划，设计人员应选择三相三线或三相四线等供电方式。在确定各路出线后，应根据所带负荷的大小、线路的长短，以及对供电可靠性的具体要求，进行综合考量。

设计人员需要根据出线路数的多少、各出线的控制与保护方式，以及配电变压器的容量大小，进一步确定配电屏的进线及其控制与保护方案。当配电屏的分路数量较多、变压器容量较大时，应配备总隔离开关和总自动开关，以实现有效的控制与保护；相反，当分路数量较少、变压器容量较小时，可采用隔离开关和熔断器作为总开关和总保护装置。

对于变压器容量较小、低压线路较短、分路数量较少的情况，且在未安装漏电开关保护的条件下，设计人员应选择或配置带有漏电保护功能的总自动开关，以增强系统的安全性。

通过这样的系统化设计，可以确保低压配电屏的选用既满足当前的用电需求，又具备适应未来发展的灵活性，同时保障供电的可靠性与安全性。

3.3 车间电气线路设计

在现代工业生产环境中，良好的车间电气线路规划、设计与实施是确保生产安全、高效运行的关键环节之一。合理的线路设计不仅能够优化电力资源的分配，还能降低潜在的电气火灾风险，提高设备的运行效率。

3.3.1 车间配电线路的技术要求

车间配电线路的技术要求主要包括：导线规格需满足电压和性能的要求，布线应减少接头并确保连接稳固，线路需保持水平或垂直，并设保护装置，弱电与强电应隔离，报警控制箱电源应独立布线且需遵守与其他管道、设备间的最小安全距离规定等，如表 3-18 所示。

表 3-18 车间配电线路的技术要求

技术要求	具 体 内 容
导线规格	导线的额定电压应不小于线路的工作电压； 导线的绝缘应符合线路的安装方式和敷设的环境条件； 导线的截面积应能满足电气性能和力学性能的要求
布线	布线时应尽量避免导线接头，导线必须接头时，接头应采取压制或焊接，导线的连接和分支处不应受机械力的作用； 穿管敷设时，在任何情况下都不能有接头，必要时尽量将接头放在接线盒的接线柱上
线路	在建筑物内布线要保持水平或垂直，水平敷设的导线距离地面不应小于 2.5 m，垂直敷设的导线距离地面不应小于 1.8 m；否则，应装设预防机械损伤的装置加以保护，以防漏电
弱电与强电	导线穿过墙壁时应加套管保护，管两端出线口伸出墙面的距离应不应小于 10 mm； 弱电缆不能与大功率电力线平行，更不能穿在同一管内。如果因环境所限必须平行走线时，则应远离 500 mm 以上
报警控制箱	报警控制箱的交流电源应单独走线，不能与信号线和低压直流电源线穿在同一管内

3.3.2 车间配电方式

车间配电方式常用的有放射式、树干式、链式三类。

1. 放射式

放射式低压配电系统如图 3-41 所示，这种配电方式的可靠性较高，适用于动力设备数量不多、容量大小差别较大、设备运行状态比较平稳的场合。这种配电系统在具体接线时，主动力配电箱宜安装在容量较大的设备附近，分动力配电箱和控制电路应同动力设备安装在一起。

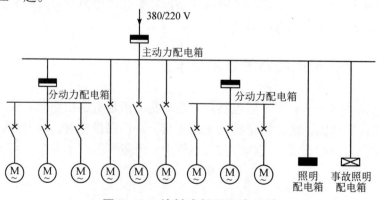

图 3-41 放射式低压配电系统

放射式低压配电系统一般用于要求供电可靠性较高的场所；只有一个设备且设备容量较大的场所；或者是设备相对集中且容量大的地点。例如，电梯的容量虽然不大，但为了保证供电的可靠性，也应采用单一回路为单台电梯供电；再如，大型消防泵、生活用水的水泵、中央空调机组等，因为这些设备的供电可靠性要求很高、容量相对较大，所以也应当重点考虑放射式配电。

2. 树干式

　　树干式低压配电系统如图 3-42 所示，树干式配电是一独立负荷或一集中负荷按其所处位置依次连接到某一配电干线上，这种配电方式的可靠性较放射式稍低一些，适用于动力设备分布均匀、设备容量差距不大且安装距离较近的场合。

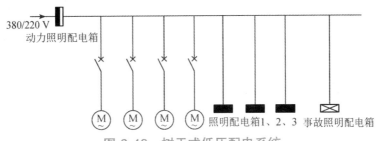

图 3-42　树干式低压配电系统

　　相较于放射式配电，树干式配电建设成本低，系统灵活性得以提升；其缺点是干线发生故障时影响范围大。树干式配电一般用于设备比较均匀、容量有限、无特殊要求的场合。

3. 链式

　　链式低压配电系统如图 3-43 所示，该配电方式适用于动力设备距离配电箱较远、各动力设备容量小且设备间距离近的场合。链式动力配电的可靠性较差，当一条线路出现故障时，可能会影响多台设备的正常运行，通常一条线路可接 3 ~ 4 台设备 (最多不超过 5 台)，总功率不要超过 10 kW 。

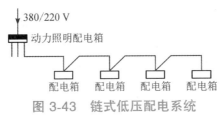

图 3-43　链式低压配电系统

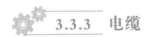　3.3.3　电缆

　　电缆主要分为电力电缆和控制电缆两大类。电力电缆是专门用于输配电能的电缆，其应用广泛，覆盖电力系统、工业设备、建筑物等多个领域，可以确保电能的稳定传输与分配。而控制电缆则专门用于保护回路和操作回路中，可以确保电气系统的安全、可靠控制。

1. 结构组成

　　电缆将一股或数股绝缘导线组合成线芯，裹上相应的绝缘层 (橡皮、纸、塑料)，外面再包上密闭的护套层 (常为铝、铅、塑料等)，如图 3-44 所示。

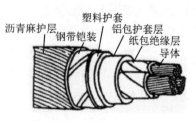

图 3-44　三股统包型电缆结构

电缆各部分功能介绍如表 3-19 所示。

表 3-19　电缆各部分功能介绍

名　称	功　能
导电线芯	导电线芯是用来输送电流的，必须具有高的导电性，一定的抗拉强度和伸长率，耐腐蚀性好，以及便于加工制造等特点。导电线芯一般由软铜或铝的多股绞线做成
绝缘层	绝缘层的作用是将导电线芯与相邻导体以及保护层隔离，抵抗电压、电流、电场对外界的作用，保证电流沿线芯方向传输。绝缘层有均匀质（橡胶、沥青、聚乙烯等）和纤维质（棉、麻、纸等）两类
保护层	保护层简称护层，主要作用是保护电缆在敷设和运行过程中免遭机械损伤和各种环境因素（如水、日光、生物、火灾等）的破坏，以保持长期稳定的电气性能，保护层分为两类： ① 内保护层直接包在绝缘层上，保护绝缘层不与空气、水分或其他物质接触，因此，要包得紧密无缝，并具有一定的机械强度，使其能承受在运输和敷设时的机械力。内保护层有铅包、铝包、橡套和聚氯乙烯等。 ② 外保护层用来保护内保护层，防止铅包、铝包等不受外界的机械损伤和腐蚀，在电缆的内保护层外面包上浸过沥青混合物的黄麻、钢带或钢丝等；而没有外保护层的电缆，如裸铅包电缆，则用于无机械损伤的场合

2. 规格型号

　　规格型号是确保电缆性能与电力系统需求相匹配的关键因素，直接影响电缆的传输效率、安全性及使用寿命。因此，在进行电缆选型时，应充分考虑电缆的规格型号，以满足系统的实际需求。电力电缆的规格说明如表 3-20 所示。

表 3-20　电力电缆的规格说明

规格名称	含　义	说　明
电缆截面积	电缆导体横截面的面积，常用单位是平方毫米 (mm^2)	较大的截面积可以承载更大的电流，适用于输送较大功率的电能
额定电压	电缆设计和标定的承受电压，常用单位是伏特 (V)	额定电压应大于或等于实际使用环境中的电压，以确保电缆的安全运行

规格名称	含　义	说　明
绝缘材料	用于包裹和隔离导体的材料	常见的绝缘材料包括聚乙烯 (PE)、交联聚乙烯 (XLPE)、橡胶等，绝缘材料的选择应根据电缆的额定电压和使用环境的要求
导体材料	电流的传导介质，常见的导体材料包括铜和铝	铜导体具有较低的电阻和较好的导电性能，适用于高功率传输和长距离输电；铝导体则较轻便和成本较低，适用于中小功率的应用
多芯或单芯	电缆可以分为多芯和单芯两种类型	多芯电缆由多个绝缘的导体组成，适用于输送多个电路或信号；单芯电缆由一个导体组成，适用于单一电路的输送。
屏蔽	用于保护电缆免受外界电磁干扰的层状结构，常见的屏蔽材料包括铝箔、铜网、铜带	屏蔽可以减少电缆信号的干扰和损耗，提高传输质量
阻燃性能	电缆在火灾情况下的自熄能力，常见的阻燃等级包括非阻燃 (NFR)、阻燃 (FR) 和低烟无卤阻燃 (LSZH)	根据使用环境的要求，选择具有适当阻燃性能的电缆

在电缆工程中，电缆型号的标识采用了一套标准化的汉语拼音字母系统。这一系统不仅为电缆的分类和识别提供了明确的依据，也确保了电缆在设计、制造、安装和使用过程中的准确性和一致性。当电缆配备有外护层时，为了更准确地描述其特性，通常在字母标识后附加两个阿拉伯数字。

常用电缆型号中字母的含义及排列顺序如表 3-21 所示。这些字母按照特定的规则组合，以表达电缆的结构、材料、用途等关键信息。例如，字母"Y"通常表示电缆的绝缘材料为聚乙烯，字母"V"则表示聚氯乙烯。通过字母的组合，可以清晰地了解电缆的基本属性，如导体材料、绝缘层类型、护套结构等。

表 3-21　常用电缆型号中字母的含义及排列顺序

类别	绝缘种类	线芯材料	内护层	其他特征	外护层
K：控制电缆	Z：纸绝缘	T：铜（省略）	Q：铅护套	D：不滴流	两个数字
Y：移动式软电缆	X：橡皮	L：铝	L：铝护套	F：分相铅包	（具体含义见表 3-22）
P：信号电缆	V：聚氯乙烯		H：橡套 (H)	P：屏蔽	
H：市内电话电缆	Y：聚乙烯		F：非燃性橡套	C：重型	
	Y9：交联聚乙烯		V：聚氯乙烯护套		
			Y：聚乙烯护套		

电缆外护层由两个数字表示，第一个数字表示铠装层类型，第二个数字表示外被层类型，其含义如表 3-22 所示。

表 3-22　电缆外护层代号的含义

第一个数字		第二个数字	
代号	铠装层类型	代号	外被层类型
0	—	0	—
1	钢带	1	纤维绕包
2	双钢带	2	聚氯乙烯护套
3	细圆钢丝	3	聚乙烯护套
4	粗圆钢丝	4	—

3. 敷设方式

电缆的敷设方式根据具体的应用场景和需求来确定。常见的电缆敷设方式有直埋敷设、管道敷设、架空敷设、地下隧道敷设等，如图 3-45 所示。

(a) 直埋敷设

(b) 管道敷设

(c) 架空敷设

(d) 地下隧道敷设

图 3-45　电缆敷设方式

敷设方式具体说明及应用领域如表 3-23 所示。

在实际应用中，应根据工程需求、规范要求和安全标准等因素进行综合考虑，选择适当的敷设方式，确保电力电缆的可靠性和稳定性。

表 3-23　敷设方式及应用领域

敷设方式	解释说明	应用领域
直埋敷设	直埋敷设是指将电缆直接埋入地下的敷设方式，电缆需要放置在足够深度的沟槽或隧道中，以保护电缆免受机械或环境损坏	通常用于在地下输送电能的长距离输电线路或电力供应网络
管道敷设	管道敷设是通过将电缆放置在预先安装的管道中进行的一种敷设方式，管道可以由金属或非金属材料制成，用于保护电缆免受机械损坏和外界环境影响	常用于建筑物内部、工业设备和城市供电网络等场景
架空敷设	架空敷设是指将电缆悬挂在支架、电杆或其他支撑物上的方式	适用于在空中跨越较长距离的输电线路，如高压输电线路和城市电网，架空敷设时需要考虑电缆对风、冰雪和其他天气条件的承受能力
地下隧道敷设	地下隧道敷设是指将电缆放置在专门设计的地下隧道或地下管廊中的方式	常用于需要大量电缆且要求维护方便的场所，如地铁、隧道、地下商场等

3.3.4　辅助组件

在电气工程中，母线、支架和绝缘子等部件通常归类为辅助组件或配件。这些组件为电气设备的安装、固定和隔离提供了必要的物理支持，从而保障了整个电气系统的安全性和可靠性。

1. 母线

母线在低压成套配电装置中的主要功能是连接电源、负载及多种电气设备，以实现电能的汇集、分配、传输。母线因其扁平、长条形的特点，常被形象地称为"汇流排"，如图 3-46 所示。

图 3-46　母线

在母线表面涂漆不仅有助于散热，还能有效防止腐蚀。在电力系统中，对母线进行明确的颜色标示是标准化操作的重要一环。按照标准规定，交流母线 L1、L2、L3 三相应分别用黄、绿、红色标示，这些颜色标示有助于操作和维护人员快速识别母线，提高工作效率。

根据不同的用途和结构特征，母线可被细分为主母线、中性母线等四大类，详细用途分类如表 3-24 所示。

表 3-24　母线用途分类

名　称	功　能
主母线	用于承载主要电流负载，连接主要电源和主要负载设备
支路母线	用于承载分支电流负载，连接支路负载设备
中性母线	用于连接电气系统的中性点，平衡电流分布
接地母线	用于连接电气系统的接地点，提供安全接地功能

在母线设计过程中，需要重点考虑的因素包括其截面积、长度，以及在配电装置中的布置位置、接头方式等，这些因素直接影响母线的电气性能、热稳定性和机械强度，详细考虑因素如表 3-25 所示。通过科学的设计和优化，可以确保母线在低压配电系统中发挥稳定、高效的电能传输作用。

表 3-25　母线设计原则

名　称	考 虑 因 素
母线截面积	母线截面积的选择应基于电流负载计算结果，并考虑负载连续性、过载能力和温升等因素。根据实际需求和规范要求，选择合适的母线截面积，确保电流传输安全和效率
母线长度	母线的长度应尽量缩短，以减小电阻和功率损耗
布置和排列方式	布置和排列方式应降低电磁干扰、提高散热效果和维护便捷性
接头设计	母线的接头设计应考虑接触可靠性和电流传输的连续性，采用合适的接头类型和连接方式
连接方式	焊接、压接和螺栓连接是常见的母线连接方式，需要确保连接紧固可靠、接触面积大并保持良好的电气接触

母线的常用材料是铜和铝，它们均具有良好的导电性能和机械强度。尽管铜的成本相对较高，但在对电气性能要求严格的场合中，铜以其优异的导电性和耐腐蚀性而备受青睐。相比之下，铝则以其低成本和轻质特点，成为大截面积母线材料的理想选择。

由于母线在传输大电流时会产生显著热量，因此散热设计成为其设计中的关键一环。为确保足够的散热能力和热稳定性，需合理选取母线材料、截面积，以及布置方式；此外，还可采用散热片、风扇、冷却器等辅助散热措施，以进一步提升散热效果。

为确保母线免受触摸意外和外界环境的损害，需采取适当的防护措施。常见的防护措施包括安装绝缘套管、护罩和防护栅等。同时，母线与其他部件之间的绝缘性能也必须满足相关标准，以确保整个电气系统的安全运行。

2. 支架

支架是用于支撑和固定母线、电器设备或其他配件的结构部件，通常由金属材料钢或铝制成，具备足够的强度和刚度，如图 3-47 所示。在低压成套配电装置中，支架用于安装和固定母线、断路器、接触器、继电器等组件，以保持整个系统的稳定性和可靠性。在实际工程中，设计者需要根据具体项目的要求和条件，结合工程师的经验和专业知识，进行支架的设计和选择。支架设计原则如表 3-26 所示。

图 3-47　支架

表 3-26　支架设计原则

内 容 名 称	内 容 说 明
材料选择	支架通常由金属材料制成，常见的选择包括钢和铝。钢支架具有较高的强度和刚度，适用于大型母线系统或需要承受较大荷载的情况。铝支架相对较轻，适用于小型和中型母线系统
结构设计	支架的结构设计应考虑母线的重量、长度和布置方式。支架需要具备足够的刚度和稳定性，以确保母线系统不会发生过大的振动或变形。常见的支架结构包括 U 型支架、L 型支架和悬吊支架等，具体选择取决于实际需求
安装方式	支架可以通过焊接、螺栓固定或者其他特殊连接方式与支架支撑物 (如墙壁、支架架构等) 连接。焊接是一种常见的方式，可以提供牢固的连接。螺栓固定则更加便于拆卸和维护
热膨胀	母线系统工作时，由于电流通过母线会产生热量，母线会发生热膨胀。因此，在支架设计中需要考虑热膨胀带来的影响。通常采用的方法是在支架连接处设置伸缩装置或补偿装置，以允许母线在热膨胀时有一定的移动空间，从而减小应力和变形
绝缘和防护	支架设计需要注意绝缘和防护措施，以确保母线系统的安全性和可靠性。支架与母线之间应采取绝缘措施，如绝缘套管或绝缘胶垫，以防止电气短路。此外，还可以在支架表面进行防腐处理，以提高其耐腐蚀性能

3. 绝缘子

绝缘子是一种用于支持和绝缘导线或电气设备的组件，主要作用是将高电压的导线与支撑结构之间进行电气隔离，同时承受机械载荷和环境应力。

绝缘子通常由绝缘材料制成，常见的绝缘材料包括瓷瓶、玻璃纤维增强塑料 (FRP)、硅橡胶等。瓷瓶绝缘子是应用最广泛的绝缘子类型之一，具有良好的耐热性和机械强度；FRP 绝缘子由玻璃纤维和环氧树脂组成，具有轻质、高强度和耐腐蚀等优点；硅橡胶绝缘子具有优异的耐候性和电绝缘性能。

绝缘子的结构通常由绝缘体和金属零件组成。绝缘体负责提供电气隔离和机械支撑，而金属零件则用于连接和固定绝缘体，并与导线或支撑结构进行接触。常用绝缘子外形如图 3-48 所示。

(a) 高压绝缘子   (b) 低压绝缘子

图 3-48 常用绝缘子外形

3.4 低压电气安装图识读

低压配电图纸是详细规划和设计建筑物内部的电力分配系统的设计文档，用于深入理解并精准布置各类电气设备，以确保电力供应的高效、安全和稳定。

3.4.1 低压电气安装图概述

电气安装图，又称电气施工图，是设计单位提供给施工单位进行电气安装的技术图样，也是运行单位进行竣工验收以及运行维护和检修试验的重要依据。

绘制电气安装图必须遵循有关国家标准的规定。例如，电气图形符号应符合 GB/T 4728《电气简图用图形符号》的规定，文字符号应符合 GB/T7159—1987《电气技术中的文字符号制订通则》的规定，图样绘制方法应符合 GB/T6988《电气技术用文件的编制》的规定，此外，在技术要求方面，应符合有关设计规范的规定。

在电气安装图上应按照规定对电气设备和线路进行必要的标注。部分电力设备的文字符号如表 3-27 所示，部分安装方式的文字符号如表 3-28 所示，部分电力设备的标注方法如表 3-29 所示。

表 3-27 部分电力设备的文字符号

设备名称	文字符号	设备名称	文字符号
交流 (低压) 配电屏	AA	照明配电箱	AL
控制 (箱) 柜	AC	动力配电箱	AP
并联电容器屏	ACC	插座箱	AX
直流配电屏、直流电源柜	AD	电能表箱	AW

续表

设备名称	文字符号	设备名称	文字符号
空气调节器	EV	电压表箱	PV
蓄电池	GB	电力变压器	T,TM
柴油发电机	GD	插头	XP
电流表	PA	插座	XS
有功电能表	PJ	信息插座	XTO
无功电能表	PJR	端子板	XT
高压开关柜	AH		

表 3-28　部分安装方式的文字符号

线路敷设方式的标注		导线敷设部位的标注	
敷设方式	文字符号	敷设方式	文字符号
穿焊接钢管敷设	SC	沿梁或跨 (屋架) 敷设	AB
穿电线管	MT	暗敷在梁内	BC
穿硬塑料管敷设	PC	沿或跨柱敷设	AC
穿阻燃半硬聚氯乙烯管敷设	FPC	暗敷在柱内	CLC
电缆桥架敷设	TC	沿墙面敷设	WS
金属线槽敷设	MR	暗敷在墙内	WC
塑料线槽	PR	沿天棚或顶板面敷设	CC
钢索敷设	M	暗敷在屋面或顶板内	CE
直埋敷设	DB	吊顶内敷设	SCE
电缆沟敷设	TC	地板或地面下敷设	FC
混凝土排管敷设	CE		

表 3-29　部分电力设备的标注方法

标注对象	标注方法	说明	示例
用电设备	$\dfrac{a}{b}$	a：设备编号或设备位号 b：额定容量 (kW 或 k V•A)	$\dfrac{21}{25}$ 21 号设备，容量为 55 kW
概略图（系统图） 电气柜 (柜、屏)	$\dfrac{-a+b}{c}$	a：设备种类代号 b：设备安装位置代号 c：设备型号	-API+B6/XI21-15
平面图（布置图） 电气箱 (柜、屏)	−a	a：设备种类代号 (前缀 "-" 可省)	-API

标注对象	标注方法	说明	示例
照明、安全、控制变压器	$\dfrac{ab}{cd}$	a：设备种类代号 b/c：一次电压 / 二次电压 d- 额定容量	TLI 220/36V 500VA
线路	a b-c(d×e+ f×g)i-jh	a：线缆编号 b：型号或编号 (无则省略) c：线缆根数 d：电缆线芯数 e：线芯截面积 (mm²) f：PE、N 线芯数 g：线芯截面积 (mm²) i：线缆敷设方式 j：线缆敷设部位 h：线缆敷设安装高度 (m)	WP201 YJV -0.6/1kV-2(3×150+40+ PE40)SC80-WS3.5 电缆线路编号为 WP201， 电缆型号为 YJV-0.6/1kV， 2 根电缆并联使用，敷设 方式为穿焊接钢管，沿墙 明敷，距地 3.5 m
电缆桥架	(a×b)/c	a：电缆桥架宽度 (mm) b：电缆桥架高度 (mm) e：电缆桥架安装高度 (mm)	$\dfrac{600×150}{3.5}$
断路器整定值	(a×c)/b	a：脱扣器额定电流 b：脱扣器整定电流 (脱扣器额定电流 × 整定倍数) c：短延时整定时间 (瞬时不标注)	$\dfrac{500\,A×0.2\,s}{500A×3}$ 断路器脱扣器额定电流为 500A，动作整定值为 500A×3，短延时整定时间为 0.2s

3.4.2 低压电气安装图的表示方法

电气安装图主要表示电源、导线、开关等一次设备之间连接的相互关系及主要特征。下面重点介绍电气安装图上常用设备图形符号、文字符号、技术数据的表示方法。

1. 低压配电用电源设备

一般工矿企业供电系统中的电源设备主要是电源变压器 (降压变压器)、发电机 (自备电源)、直流发电机等。常用电源设备在电气系统图中的图形符号、文字符号如表 3-30 所示。

作为供电电源用的电力变压器一般为油浸式三相降压变压器，在电气系统图中，通常应标注其型号、容量、电压比、联接组等。

(1) 型号。变压器的基本型号是 SL 或 S(S 表示三相，L 表示铝线圈，铜线圈不表示)，型号后的数字为设计系列。例如，S6 表示三相铜线圈变压器，设计系列为 6。

表 3-30　常用电源设备的图形符号和文字符号

名　称	图形符号	文字符号	备　注
双线圈变压器	或	T 或 TM	—
三线圈变压器	或	T 或 TM	—
交流发电机	Ⓖ	G 或 GS、GA	GS 表示同步发电机 GA 表示异步发电机
直流发电机	Ⓖ	G 或 GD	—
整流器	或	U 或 V、AV	—

(2) 容量。容量是指变压器二次侧输出功率，单位是 kV·A，用符号 S_N 表示。我国规定的变压器容量系列为 30、50、63、80、100、125、160、200、250、315、400、500、630、800、1000 等。

(3) 电压比。电压比是指变压器一次侧、二次侧额定线电压比侧，以一次侧、二次侧额定电压的形式表示，即 U_{1N}/U_{2N}。一般工矿企业用电力变压器的电压比为 35/10.5、35/6.3、10/0.4、6/0.4。

(4) 联结组。变压器三相绕组联结方式用联结组表示。35/10.5(6.3) 变压器多采用 Y,d11；10(6)/0.4 变压器一般采用 Y,yn0。变压器三相绕组联结方式及图形符号如图 3-49 所示。

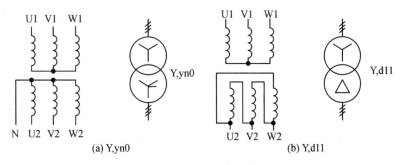

图 3-49　变压器三相绕组联结方式及图形符号

例如，某变压器为 SL7-50-10/0.4-Y,yn0，其含义是铝线圈三相电力变压器，额定容量为 50 kV·A，电压比为 10/0.4，联结组为 Y,yn0。

2. 低压配电用开关电器

在电气系统图中，低压配电用开关电器的图形符号和文字符号如表 3-31 所示。

表 3-31　低压配电用开关电器的图形符号和文字符号

名称	图形符号	文字符号	备注
单极开关		Q	开关通用符号
多极开关	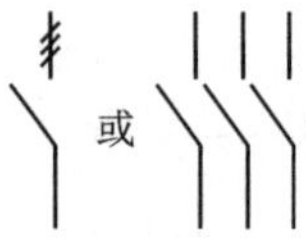 或	Q	三极开关
断路器		QF、QA	QA 表示自动开关
负荷开关		Q	—
隔离开关		QS	—
接触器		Q 或 K、KM	电力开关用为 Q，控制用为 K、KM
熔断器		FU	—
跌开式熔断器		FU	若无指引箭头符号，则为熔断器式刀开关

不同的开关电器具有不同的功能特点，通过单独和组合应用，可以充分发挥各种开关电器的特点，提供多重保护机制，如图 3-50 所示。

隔离开关 - 熔断器 - 接触器组合是低压电气控制系统中常采用的方式，其中隔离开关起隔离作用，熔断器起短路保护作用，接触器起失压保护作用。值得注意的是，隔离开关一般不能带负荷操作，因此在操作方法上应注意开关的分闸、合闸程序。例如，在

图 3-50(d) 中，正确的操作程序是：送电时，先合隔离开关 QS，再合负荷开关 Q；断开时，先断开 Q，再断开 QS。否则，隔离开关会因不能熄灭电弧而烧毁，甚至造成短路事故。开关的操作程序正是电气系统图所要描述的主要内容之一，也是阅读电气系统图时必须要注意到的一个重要问题。

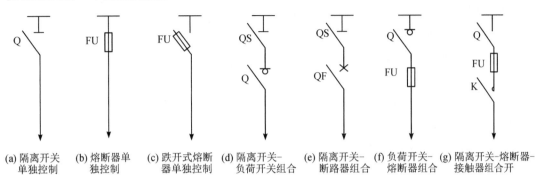

(a) 隔离开关　　　(b) 熔断器单　　　(c) 跌开式熔断　　　(d) 隔离开关-　　　(e) 隔离开关-　　　(f) 负荷开关-　　　(g) 隔离开关-熔断器-
　单独控制　　　　　独控制　　　　　器单独控制　　　　负荷开关组合　　　断路器组合　　　熔断器组合　　　接触器组合开

图 3-50　开关电器单独使用与组合使用方式

3. 连接线和其他设备

在电气系统图中，连接线一般采用单线表示法或混合表示法；连接线的功能可用不同粗细的图线或加注必要的图形、文字注释来区别。

在电气系统图上表示的其他设备还有：供测量和继电保护用的电压互感器、电流互感器，限流用的电抗器，保护用的热继电器热元件、避雷器等，其图形符号和文字符号如表 3-32 所示。

表 3-32　其他设备的图形符号和文字符号

名称	图形符号	文字符号
电压互感器	⊗⊗ 或 〰〰	TV
电流互感器	⌀ 或 ⊏	TA
电抗器	⌒	L
热继电器热元件	⊏⊐	K 或 F、KF
避雷器	▮	FV 或 F

3.4.3 低压电气安装图的分类

常用的供配电系统电气安装图有两种，分别是变配电所的电气安装图和配电线路的电气安装图。

1. 变配电所的电气安装图

变配电所的电气安装图包括：一次系统电路图、平 / 剖面图、无标准图样的构件安装大样图、二次回路的电路图和接线图、接地装置平面布置图、电气照明系统图和平面图等。此处以变配电所的一次系统电路图和平面布置图为例进行讲述。

1) 变配电所的一次系统电路图

如图 3-51 为某高压配电所的一次系统主电路图，车间 (或小型工厂) 变电所，是将高压 (6 ～ 10kV) 降为一般用电设备所需低压 (如 220/380V) 的终端变电所，这类变电所的主接线比较简单。其高压侧主接线方案分两种情况：一种是工厂有总降压变电所或高压配电所的车间变电所，其高压侧的开关电器、保护装置和测量仪表等，通常安装在高压配电线路的首端，即总降压变电所或配电所的 6~10kV 配电室内；另一种是工厂无总变配电所的车间变电所，车间变电所的高压侧可不装开关设备，或只装简单的隔离开关、高压跌开式熔断器或避雷器等。

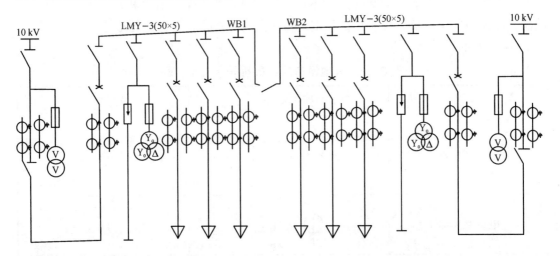

No.101	No.102	No.103	No.104	No.105	No.106		No.107	No.108	No.109	No.110	No.111	No.112
电能计量柜	1号进线开关柜	避雷器及电压互感器	出线柜	出线柜	出线柜	GN6-10/400	出线柜	出线柜	出线柜	避雷器及电压互感器	2号进线开关柜	电能计量柜
GG-1A-J	GG-1A(F)-11	GG-1A(F)-54	GG-1A(F)-03	GG-1A(F)-03	GG-1A(F)-03		GG-1A(F)-03	GG-1A(F)-03	GG-1A(F)-03	GG-1A(F)-54	GG-1A(F)-11	GG-1A-J

图 3-51　某高压配电所的一次系统主电路图

2) 变配电所的平面布置图

图 3-52 是某高压配电所的平面布置方案，粗线表示墙，缺口表示门。其中图 (a)、(c)、(e) 中的变压器安装在室内；图 (b)、(d)、(f) 中的变压器是露天安装的。

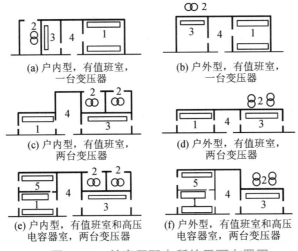

(a) 户内型，有值班室，
一台变压器

(b) 户外型，有值班室，
一台变压器

(c) 户内型，有值班室，
两台变压器

(d) 户外型，有值班室，
两台变压器

(e) 户内型，有值班室和高压
电容器室，两台变压器

(f) 户外型，有值班室和高压
电容器室，两台变压器

图 3-52 某高压配电所的平面布置图

2. 配电线路的电气安装图

配电线路的电气安装图，主要包括电气系统图和电气平面布置图。

1) 电气系统图

电气系统图提供了电气系统的整体概览，帮助工程师了解系统的组成和运行方式。电气线路图用于展示电气系统中具体设备之间的连接和电气线路，是一种更为详细和具体的图纸。电气线路图通常显示了电气元件、电缆、导线和控制设备等详细信息，以及它们之间的逻辑和物理连接方式。电气线路图用于指导电气设备的安装、调试和维护工作，以及故障排除和修复。

在设计和规划阶段，电气系统图通常是首先绘制的，用于确定整体布局和组成。而电气线路图则在配电系统图的基础上绘制，用于详细说明具体设备的连接和线路。

某住宅楼地上五层为住宅，地下一层为分户储藏室，全楼共五个单元，每个单元每层两户（即一梯两户），每户的供配电线路图如图 3-53 所示。

该单元 AL1 集中电表箱的电源连线采用钢带铠装铜芯交联聚乙烯绝缘聚氯乙烯护套电力电缆，芯线是 $4×35 \ mm^2$ 的标称截面，穿过内径为 70 mm 的聚氯乙烯硬质管暗敷在地面内。进线总开关是 DZ20LE 型漏电保护器，每根相线经 FRD-30-3A-5 电源保护器与 PE 端子相接。每户都安装 DD862 型单相电能表和微型断路器 C45AD，$3×10 \ mm^2$ 铜芯线穿过暗敷在墙内的管径为 32 mm 的聚氯乙烯硬质管，送电至各用户照明配电箱 AL2。

用户照明配电箱 AL2 采用额定电流为 40A/2P（2 极）的微型断路器，C45AD 作为进线开关。户内采用 C45AD-20A-1P+vigiC45ELE-30mA（具有电子式的 vigiC45 漏电保护附件，其漏电动作电流为 30 mA）漏电保护器向各个插座供电。没有接地要求的照明就可以采用 L、N 线供电；有接地要求的单相电器，除采用 L、N 线供电外，外露可导电的部分要接 PE 线进行接地保护。AL2 户内箱供电系统图如图 3-54 所示。

某锅炉房低压配电系统如图 3-55 所示，共有 5 个配电箱。其中 AP1 ～ AP3 3 个配电箱内部安装有接触器，称为控制配电箱；另外两个配电箱 ANX1 和 ANX2 内部安装有操作按钮，称为按钮箱。

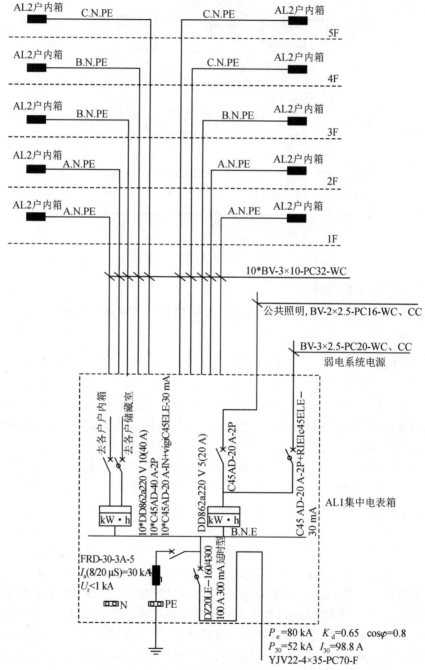

图 3-53　AL1 集中电表箱供配电线路图

　　电源从 AP1 箱左端，使用 3 根截面积为 10 mm² 和 1 根截面积为 6 mm² 的 BX 型橡胶绝缘铜芯导线，穿直径为 32 mm 的焊接钢管引入。电源进入配电箱后接主开关，开关型号为 C45AD/3P（容量为 40 A，D 表示短路动作电流为 10 ～ 14 倍额定电流）。主开关之后是本箱主开关，使用 C45A 型断路器（容量为 20 A）。AP1 箱共有 7 条输出支路，分别控制 7 台水泵。每条支路均使用容量为 6 A 的 C45A 型断路器；之后接 B9 型交流接触器，进行电动机控制；热继电器为 T25 型，动作电流为 5.5 A，用于电动机过载保护；

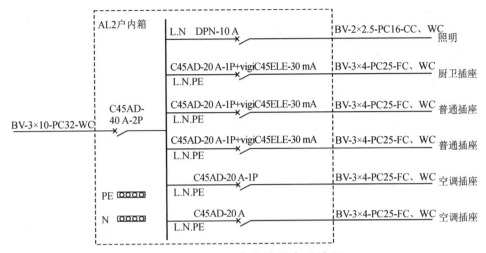

图 3-54 AL2 户内箱供电系统图

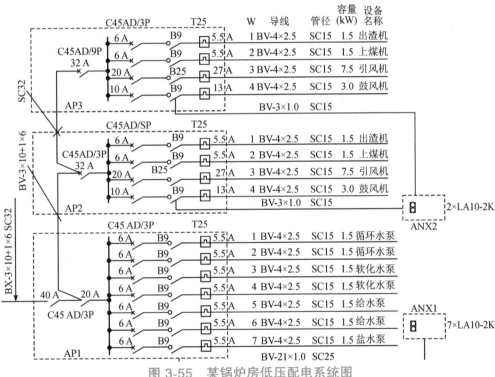

图 3-55 某锅炉房低压配电系统图

操作按钮装在按钮箱 ANX1 中，箱内安装有 7 只 LA10-2K 型双联按钮。控制线为 21 根截面积为 1.0 mm² 的塑料绝缘铜芯导线，穿直径为 25 mm 的焊接钢管。从配电箱到各台水泵的线路均为 4 根截面积为 2.5 mm² 的塑料绝缘铜芯导线，穿直径为 15 mm 的焊接钢管。4 根导线中 3 根为相线，1 根为保护零线。各台水泵功率均为 1.5 kW。

AP2 与 AP3 为两个相同的配电箱，分别控制两台锅炉的风机（鼓风机、引风机）和煤机（上煤机、出渣机）。到 AP2 箱的电源从 AP1 箱的 40 A 开关右侧引出，接在 AP2 箱 32 A 断路器的左侧，使用 3 根截面积为 10 mm² 和 1 根截面积为 6 mm² 的塑料绝缘铜芯导线，穿直径为 32 mm 的焊接钢管。从 AP2 箱主开关左侧引出 AP3 箱的电源线，与接入 AP2 箱的导线相同。每台配电箱内有 4 条输出回路，其中两条回路上装有容量为 6 A 的断路器，一条回路上装有容量为 20 A 的断路器，另一条回路上装有容量为 10 A 的断路器。20 A 回路的接触器为 B25 型，其余回路为 B9 型。热继电器为 T25 型，动作电流分别为 5.5 A、5.5 A、27 A 和 13 A。导线均采用 4 根截面积为 2.5 mm² 的塑料绝缘铜芯导线，穿直径为 15 mm 的焊接钢管。出渣机和上煤机的功率均为 1.5 kW，引风机功率为 7.5 kW，鼓风机功率为 3.0 kW。

两台鼓风机的控制按钮装在按钮箱 ANX2 内，其他设备的操作按钮装在配电箱门上。按钮的接线采用 3 根 1.0 mm² 塑料绝缘铜芯导线，穿直径为 15 mm 的焊接钢管。

2) 电气平面布置图

电气平面布置图是表示配电系统在某一配电区域内平面布置和电气布线的一种简图。

电气平面布置图就是在建筑平面图上，应用国家标准《电气简图用图形符号》(GB/T 4728.8—2008) 规定的电气平面图图形符号和有关文字符号，按照电气设备安装位置及电气线路的敷设方式、部位和路径绘出的图纸。

电气平面布置图按布线地区分为厂区电气平面布置图、车间电气平面布置图和生活区电气平面布置图；按线路性质分为动力电气平面布置图、照明电气平面布置图和弱电系统 (包括广播、电话和有线电视等) 电气平面布置图等

某机械加工车间的动力电气平面布置图如图 3-56 所示。

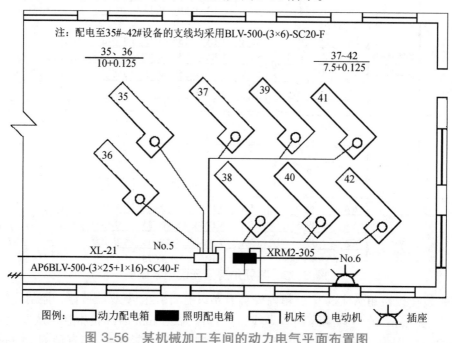

图 3-56　某机械加工车间的动力电气平面布置图

这里仅示出分配电箱 AP6 采用 BLV-500-3×6 的铝芯塑料线穿钢管 (SC) 埋地 (F) 分别向 35#~42# 机床设备配电。由于各配电支线型号规格和敷设方式相同，故在图上统一加注说明。

绘制电气平面布置图应注意以下几点：

(1) 应表示出所有用电设备的位置，依次编号，并注明设备的容量。

(2) 应表示出所有配电设备的位置，依次编号，并标注其型号规格。

(3) 对配电干线和支线上的开关与熔断器也要分别进行标注。

3.5 低压配电图纸绘制

绘制低压配电图纸有助于理解系统的运行流程，以及各设备(如电力变压器、成套开关设备等)的作用和连接方式。

3.5.1 某车间供电图纸分析

某车间供电电气系统图如图 3-57 所示，图中附表如表 3-33 所示。这一例图基本上具备了各类电气系统图共有的特点，图和表通常是绘制在一起的。该电气系统有两个电源，母线分段，供电可靠性较高；电源进线与配线采用成套配电屏，结构紧凑，便于安装、维护和管理。

配电屏作为电气系统的核心组件，其设计基础主要依据各配电屏的单元电气系统图。因此，在解读此类电气系统图时，首要任务是参考相关手册，熟知图中标注的配电屏型

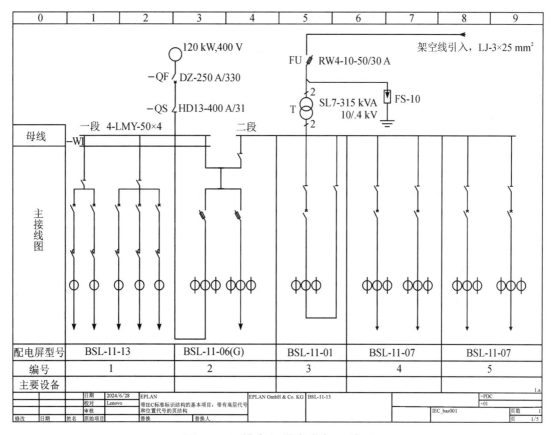

图 3-57 某车间供电电气系统图

表 3-33　某车间供电电气系统图附表

主接线图	（见图 3-57）												
配电屏型号	BSL-11-13					BSL-11-06(G)	BSL-11-01	BSL-11-07	BSL-11-07	BSL-11-06(G)	BSL-11-01	BSL-11-07	BSL-11-07
配电屏编号	1					2		3	4		5		
馈线编号	1	2	3	4	5		6			7	8	9	10
安装功率 /kW	78	38.9		15	12.6	120	43.2	315		53.5	182		64.8
计算功率 /kW	52	26		10	10	120	38.2	250		40	93		26.5
计算电流 /A	75	43.8		15	15	217	68	451		61.8	177		50.3
电压损失 /%	3.2	4.1		1.88	0.8		3.9			3.78	4.6		3.9
HD 型开关额定电流 /A	100	100	100	100	100	400	100	600	600	200	400	200	200
GJ 型接触器额定电流 /A	100	100	100	60	60								
DW 型开关 额定/整定 电流 /A								600/800		400/100	400/500	400	400/100
DZ 型开关 额定/整定 电流 /A	100/75	100/50	100	100/25	100/25								
电流互感器 /(A/A)	150/5	150/5	150/5	50/5	50/5	250/5	100/5	500/5		75/5	300/5	100/5	75/5
电线电缆　型号	BLX	BLV		BLV	BLV	VLV2	LJ	LMY		BLV	LGJ		
电线电缆　截面积 /mm²	3×50×1×16	1×16		1×10	4×16	3×95×1×50	4×16	50×4		4×16	3×95×1×50		4×16
敷设方式	架空线	架空线		架空线	架空线	电缆沟	架空线	母线穿墙		架空线	架空线		架空线
负荷电源名称	职工医院	试验室	备用		宿舍	发电机	办公楼	变压器		礼堂	附属工厂	备用	路灯

号及规格。对于较小规模的电气系统，其系统图通常以单线图的形式展示，其母线作为连接各元素的中心轴，将电源、负载、开关电器、电线电缆等关键元素有机串联。在母线布局上，图纸上方通常作为电源进线的接入点，若电源进线以出线形式接入母线，则将其引至图纸下方，并通过转折线连接至开关柜，进而接入母线。母线的下方则用于出线，这些出线通常经过配电屏内的开关设备和电线电缆，最终输送至负载端。

在电气系统图的分系统中，为了详细阐述系统各元素，需要标注主要项目的技术数据。技术数据的表示方法主要有两种：一种是直接在图形符号旁标注，如变压器、发电机等关键设备的参数；另一种是通过表格形式，列出各类开关设备等的技术数据。

此外，为凸显系统图的功能性，并为使用和维护提供参考，图中还需要标注相关的设计参数。这些参数包括但不限于系统的设备功率 P、计算容量 S_{js}、计算电流 I_{js}，以及各路出线的安装容量、计算功率 P_{js} 等。这些参数不仅是图样的核心表达内容，更是该类电气系统图纸的重要特色。

1. 外电源

外电源又称市电，是正常供电电源。由 10 kV 架空线路经跌落保险 FU 送至变压器 T。跌落保险的型号是 RW4-10-50 A/30 A，其中的 50 A 是熔断器（即熔管）的额定电流，30 A 是熔丝的额定电流。

变压器的型号规格为 SL7-315-10/0.4，这是一台新型节能变压器，三相油浸式，铝线圈，额定容量为 315 kVA，额定电压为 10 kV/0.4 kV，这一电压是指线电压，低压侧引出了中性线，可得到三个相电压。

由变压器的额定容量和电压比，可计算出变压器一、二次侧额定电流 I_{1N} 和 I_{2N}。

$$I_{1N} = \frac{S_N}{\sqrt{3}\,U_{1N}} = \frac{315}{\sqrt{3} \times 10} = 18 \text{ A}$$

由此可知，高压跌落保险器的熔丝选用 30 A 是比较合理的。

变压器低压侧的额定电流为

$$I_{2N} = \frac{S_N}{\sqrt{3}\,U_{2N}} = \frac{315}{\sqrt{3} \times 0.4} = 455 \text{ A}$$

这一电流值为工程师判断低压出线开关、导线、母线型号规格的正确性提供了重要依据。

图纸上标出该系统安装容量为 483 kW，计算功率为 250 kW，负载的功率因数一般为 0.8，则计算容量为

$$S_{js} = \frac{P_{js}}{\cos\varphi} = \frac{250}{0.8} = 312.5 \text{ kVA}$$

计算电流则为

$$I_{js} = \frac{S_{js}}{\sqrt{3}\,U_N} = \frac{312.5}{\sqrt{3} \times 0.4} = 451 \text{ A}$$

由此可知，系统图中变压器容量选用 315 kVA 是合适的。

3 号配电屏的型号是 BSL-11-01，它是一双面维护的低压配电屏，主要用作电源进线。配电屏内有两个闸刀和一个万能型自动空气开关。自动空气开关的型号是 DW10 型，额定电流为 600 A，动作整定电流为 800 A，它对变压器起着过流、失压等保护作用。两个闸刀在这里起隔离作用，一个与变压器相连，一个与母线相连。检修本屏内的自动空气开关时，其一隔断变压器供电，其二隔断发电机供电。为了保护变压器防止雷电过电压，在变压器 10 kV 进路侧安装了一组（共 3 个）FS-10 型避雷器。配电屏内的三个电流互感器主要供测量仪表用。

2. 自备电源

自备电源由一独立的柴油发电机供电，发电机的额定功率为 120 kW，额定电压为 400/230 V，功率因数为 0.8，则发电机的额定电流为

$$I_N = \frac{P}{\sqrt{3} \cdot U_N \cdot \cos\varphi} = \frac{120}{\sqrt{3} \times 0.4 \times 0.8} = 216.5 \text{ A}$$

由此可知，发电机出线开关选用 250 A 的空气开关是合适的。

自备电源经一自动空气开关和一闸刀送到 2 号配电屏，然后引至母线。自动空气开关为装置式自动空气开关 (DZ 型)，额定电流为 250 A，动作整定电流为 330 A，自动空气开关的作用是控制发动机送电和对发电机进行保护。刀闸的作用是对带电的母线起隔离作用。

2 号配电屏型号为 BSL-11-06。这是一个受电、馈电兼联络用配电屏，有一路进线，一路馈线。一路进线由自备发电机供电经三个电流互感器和一组刀熔开关，然后又分成两路，左边一路直接与 I 段母线相连、右边一路经过隔离开关送到 II 段母线。这里的隔离闸刀是作为两段母线的联络开关。

发电机房至配电室送电采用电力电缆，沿电缆沟敷设。电缆的型号为 VLV2-500V-3×95 + 1×50，该电缆塑料绝缘、塑料保护套、铝芯铠装，额定电压为 500 V，3根相线的截面积均为 95 mm^2，中性线截面积为 50 mm^2。

3. 母线

该电气系统采用单母线分段放射式接线方式。以 4 根 LMY 型、截面积均为 50 × 4 mm^2 的硬铝母线作为主母线。两段母线经上述隔离刀闸联络。外电源正常供电时，发电机不供电，联络开关闭合，母线 I、II 均为由变压器供电；外电源中断时，变压器出线开关断开，联络开关也断开，自备发电机供电，这时只有 I 段母线带电，只供试验室、办公楼、职工医院、水泵房、宿舍用电。很显然，这些场所的电力负荷是该系统的重要负荷。但这不是绝对的，在一定的条件下，亦可让 I、II 段母线全部带电，再根据实际情况断开某些负荷，只要发动机不超载即可。

4. 馈电线路

由配电屏向电力负荷供电的线路称为馈电线路，亦称馈线。在电气系统图上，通过图形与文字描述馈电线路的参量有线路编号、线路安装容量 (或功率)、计算容量 (或功率)P_{js}、计算电流 I_{js}、线路的长度、采用的导线或电缆的型号及截面积、线路的敷设与安装方式、线路的电压损失、控制开关及动作整定值、电流互感器、线路供电负荷的地点名称等。

本系统共有 10 回馈电线，其中第 3 回和第 9 回是备用线。下面以第 8 回线为例加以说明。第 8 回线由 4 号配电屏控制，该回路供附属工厂用电，安装功率 $P = 182$ kW，计算功率 $P_{js} = 93$ kW，显然需要系数为

$$K = \frac{P_{js}}{P} = \frac{93}{182} = 0.5$$

平均功率因数一般为 0.8，则该回路的计算电流 I_{js} 为

$$I_{js} = \frac{P_{js}}{\sqrt{3} \cdot U_e \cdot \cos\varphi}$$
$$= \frac{93}{\sqrt{3} \times 0.38 \times 0.8}$$
$$= 177 \text{ A}$$

这一电流值是设计时选用开关设备及导线的主要依据，也是指导读者阅读该回路的理论

基础。

　　本系统中的第 8 回路采用 HD 型刀开关 (额定电流为 400 A) 和 DW10 自动空气开关联合控制。自动空气开关的额定电流为 400 A，动作整定电流为 500 A。该回路装有 3 个电流互感器，变比为 300/5，供测量表计用。线路采用架空线，导线型号为 LGJ-3×95+1×50，这种导线为钢芯铝绞线。全线路的电压损失为 4.6%，是符合要求的。

　　读这类电气系统图，需要遵循"电源→进线→母线→馈线"的次序了解基本图例的含义、各种设备的型号规格含义、各类电气参数的含义等。

3.5.2　低压配电 EPLAN 绘图

　　EPLAN 有助于电气工程师方便而精确地处理电气项目中的各个环节，提高设计效率和标准化，增强项目设计的严谨性。

1. 数据准备

　　图纸绘制之前，做好项目相关准备工作可以有效提高开发效率、减少重复工作量。首先需要弄清楚图 3-57 所示某车间供电电气系统，整理元器件信息如表 3-34 所示。

表 3-34　某车间供电电气系统元器件信息表

部件名称	部件编号	制造商	技术参数
发电机	AMG.0315	ABB	120 kW，400 V
三极安全开关	JN15-12/D31.5-210(1)	人民电器	—
避雷器	HY1.5W-0.5/2.6	川泰	0.38 kV，25 kA
熔断开关	SE.LV480865	施耐德	—
变压器	JDZX9-10(063)	正泰	4 kV，315 kVA
三极断路器	ZN63E-12(005)	METTZ	—
电流互感器	LZZBJ9-12(042)	ABB	—

准备工作

2. 新建项目

　　首先创建一个新的项目，项目名称为"某小型企业供电电气系统"，保存位置为默认，项目模板为"IEC_bas001.zw9"，设置创建日期与创建者，如图 3-58 所示。

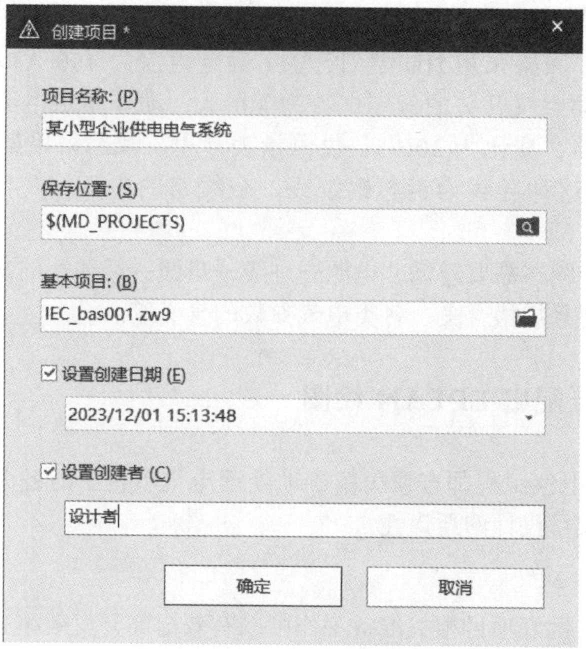

图 3-58　创建新项目

然后在弹出的"项目属性：某小型企业供电电气系统"对话框，修改"结构"选项卡下的"页"结构为"高层代号、位置代号和文档类型"，单击"确定"，新建项目完成，如图 3-59 所示。

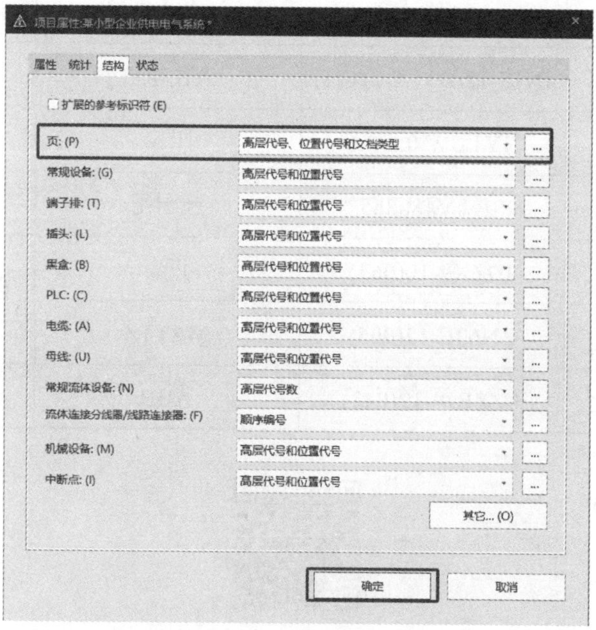

图 3-59　修改"页结构"属性

新建项目完成后，设置项目结构，打开"结构标识符管理"对话框，为高层代号填写"完整结构标识符"和"结构描述"。这里高层代号的"完整结构标识符"填写"PDC"，"结构描述"填写"配电柜"，如图 3-60 所示。单击"应用"按钮完成高层代号的设置。

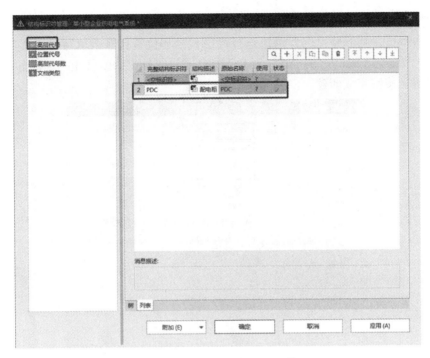

图 3-60　新建"高层代号"

最后点选"结构标识符管理"对话框左侧位置代号选项，为位置代号填写"完整结构标识符"和"结构描述"。单击菜单的"+"按钮，新建 5 行位置代号。"完整结构标识符"分别为 01、02、03、04、05，"结构描述"分别为 1 号配电屏、2 号配电屏、3 号配电屏、4 号配电屏、5 号配电屏，如图 3-61 所示。

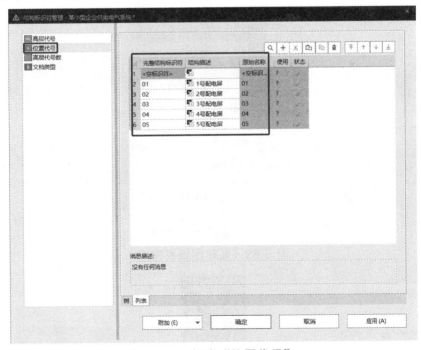

图 3-61　新建"位置代号"

3. 新建页

新建图纸页，"完整页名"通过选择高层代号和位置代号来填写，"页类型"选择为单线原理图 (交互式)，"页描述"为 1 号配电屏的型号"BSL-11-13"，如图 3-62 所示。单击"应用"按钮完成新建页。

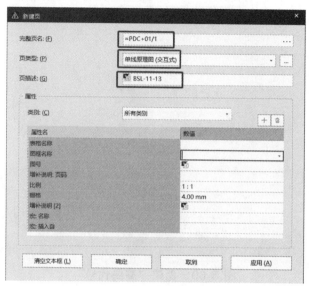

图 3-62　新建图纸页

单线原理图中使用带有一个或 (最多) 两个连接点的元件，电缆连接相应地由一条线构成。多线原理图中显示元件的全部连接点和电缆连接的全部。

采取同样的方法新建 2 号配电屏、3 号配电屏、4 号配电屏和 5 号配电屏的图纸页，新建图纸页完成如图 3-63 所示。

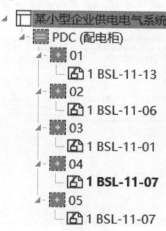

图 3-63　新建图纸页完成

新建项目与图纸页

4. 导入部件

部件库和主数据都属于项目设计之前的基础数据，只有完善的部件库数据，才能给设计带来质的飞跃。具体的导入方法可以参照第 2 章 "导入部件" 的内容，项目中使用的部件信息在数据准备中均已列出。

5. 新建符号

电气符号是电器设备的一种图形表达。电气符号存放在符号库中，是广大电气工程师之间的交流语言，用来传递系统控制的设计思维。

设计过程中时常出现符号库中没有所需的符号，此时就可以通过新建符号来完成项目设计。新建符号之前首先要建立存放符号的数据库，即符号库。符号库主要是将自己创建的符号保存在一个文件夹下，以方便统一管理。

设计者在菜单栏中选择 "主数据" 中 "符号库" 的 "新建" 命令，如图 3-64 所示。系统弹出 "设置符号库名称" 窗口，如图 3-65 所示，输入新建符号库的名称，单击 "确定" 按钮退出。

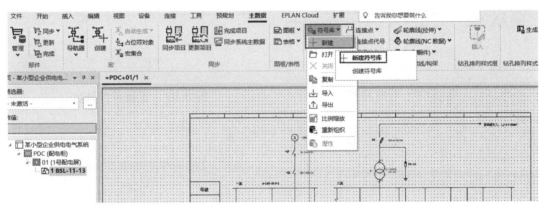

图 3-64　新建符号库

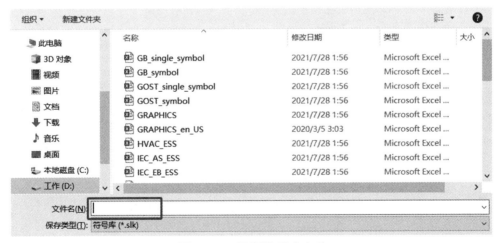

图 3-65　设置符号库名称

接着，在新建的符号库中创建符号，设计者在菜单栏中选择 "主数据" 中 "符号" 的 "新建" 命令，如图 3-66 所示。在弹出的新建符号对话框窗口中，为符号选择 "符号名""功能定义""连接点""属性名"等设计要素,如图 3-67 所示。单击"确定"按钮,弹出符号编辑页面。在符号编辑页面中绘制所需符号,如图 3-68 所示。也可以将现有符号插入此页面中进行线条的修改,此处以断路器开关符号为例进行介绍,如图 3-69 所示。

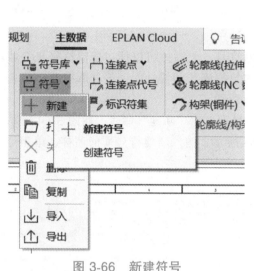

图 3-66 新建符号

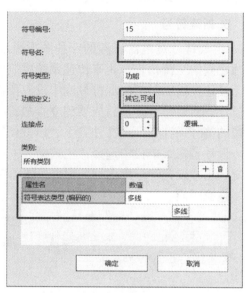

图 3-67 设置符号属性

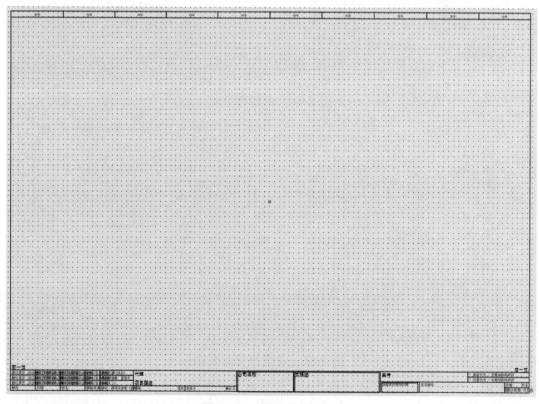

图 3-68 符号编辑页

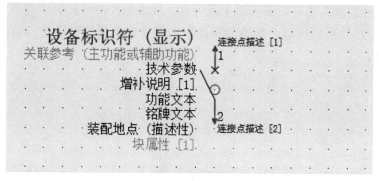

图 3-69　新建断路器开关符号

新建符号

6. 原理图绘制

此处以配电屏"BSL-11-13"为例，进行原理图绘制前，首先需要在项目的符号库中找到对应的电流互感器、三极安全开关、断路器开关等符号，然后依照从下往上的绘制原则进行放置，如图 3-70 所示。当符号的连接点上下垂直对应时，软件会自动识别并进行连接。

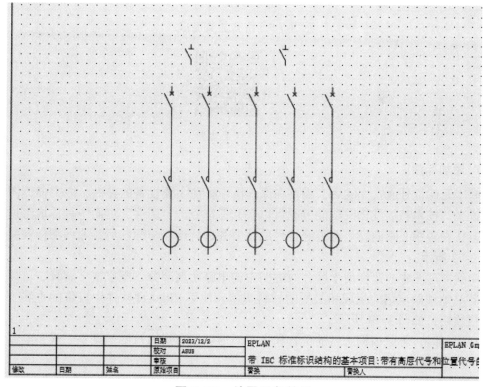

图 3-70　放置设备符号

具体的符号放置方法可以参考第 1 章内容。基本元件符号放置完成后的原理图，如图 3-71 所示。此处需要注意，单线原理图中的符号，其属性必须是"单线"，不允许出现多线符号。

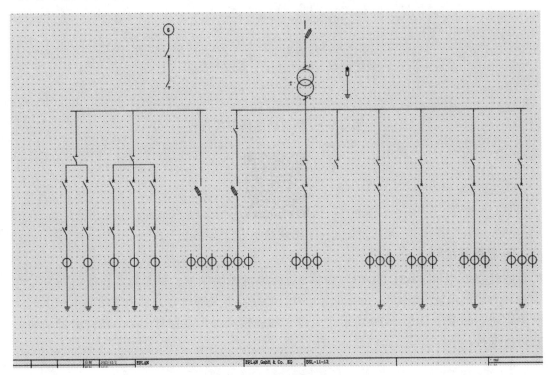

图 3-71　符号放置完成

原理图绘制

7. 添加标注

基本元件符号放置完成后，需要在原理图中标注主要设备的参数，以方便读图、识图。设备的技术参数及相关功能一般可以在元件符号的"属性"页面中具体填写设置，设置方法参考第 2 章内容。调整好符号的位置并进行连接与标注后，原理图标注完成，如图 3-72 所示。

单线原理图中的边栏用于区分原理图中的电路所属部分，配以文字解释，可以使读者更容易地理解电路的组成和必要的材料类型。使用 EPLAN 软件中自带的直线工具进行边栏绘制，如图 3-73 所示。

在绘制时，可以根据边栏的位置和大小对原理图布局进行细微调整。线条绘制完成后的原理图页，如图 3-74 所示。

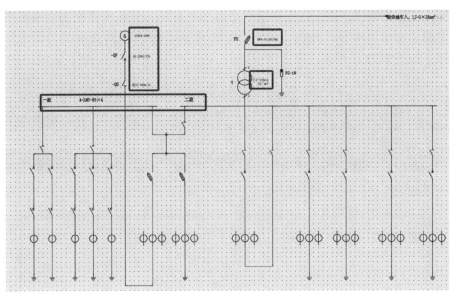

图 3-72　原理图标注完成

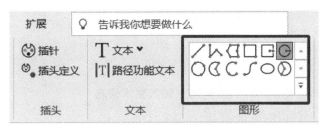

图 3-73　图形绘制工具

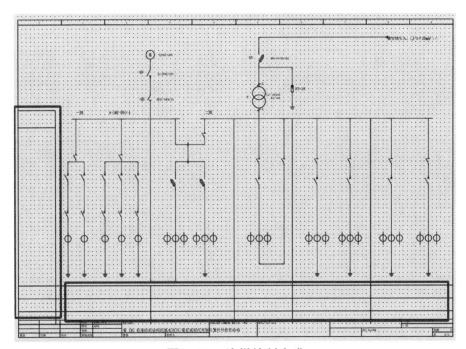

图 3-74　边栏绘制完成

图形线条绘制完成之后，可以在边栏中添加原理图，显示所需要的文本信息。单击菜单栏中的"文本"命令，弹出"属性（文本）"对话框，在对话框的"文本"栏输入信息即可，如图 3-75 所示。

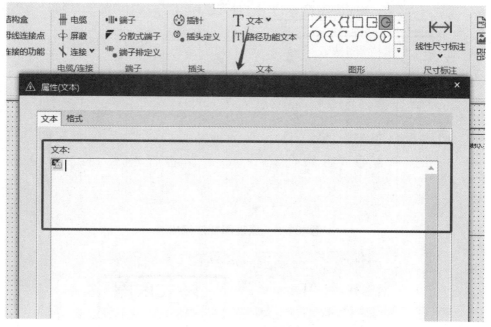

图 3-75　输入文本信息

文本信息添加完成后的原理图页，如图 3-76 所示。

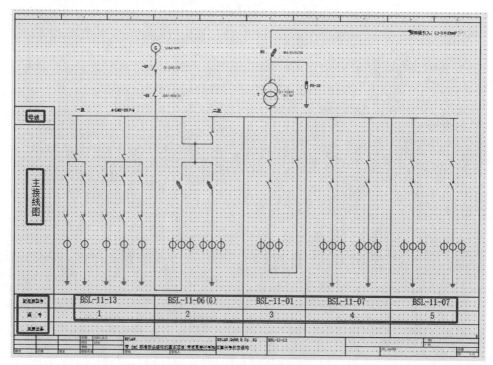

图 3-76　单线原理图绘制完成

添加文本标注

8. 宏的应用

宏是经常反复使用的部分电路或典型电路方案，是模块化设计的基础数据。在项目设计过程中，可以将经常使用的电路保存为宏，以便在下次使用时直接插入宏文件，这样可以提高设计效率。

在 EPLAN 软件中有窗口宏、符号宏和页宏三种类型。窗口宏是最小的标准电路，可以是一个简单电路或一个单线或多线设备，最大不超过一个页面，窗口宏的扩展文件名为"*.ema"。符号宏与窗口宏类似，只是扩展文件名不同，符号宏扩展文件名为"*.ems"。符号宏和窗口宏在 EPLAN 软件中为同一个命令，二者常一起使用。页宏包括一页或多页的项目图纸，其扩展文件名为 "*.emp"，通常，若要将某页或多页图纸导出时则可以使用页宏。

在本项目中，主回路中每个电路都涉及电流互感器电路，可以将电流互感器电路创建为"窗口宏 / 符号宏"，提高图纸设计效率。

1) 创建宏项目

"宏"的制作需要在"宏项目"中进行，在创建新项目时，可以在项目类型处修改为"宏项目"，如图 3-77 所示。

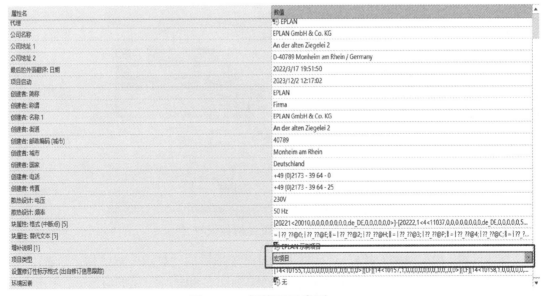

属性名	数值
代理	EPLAN
公司名称	EPLAN GmbH & Co. KG
公司地址 1	An der alten Ziegelei 2
公司地址 2	D-40789 Monheim am Rhein / Germany
最后的外语翻译: 日期	2022/3/17 19:51:50
项目启动	2023/12/2 12:17:02
创建者: 简称	EPLAN
创建者: 称谓	Firma
创建者: 名称 1	EPLAN GmbH & Co. KG
创建者: 街道	An der alten Ziegelei 2
创建者: 邮政编码 (城市)	40789
创建者: 城市	Monheim am Rhein
创建者: 国家	Deutschland
创建者: 电话	+49 (0)2173 - 39 64 - 0
创建者: 传真	+49 (0)2173 - 39 64 - 25
散热设计: 电压	230V
散热设计: 频率	50 Hz
块属性: 格式 (中断点) [5]	[20221,<20010,0,0,0,0,0,0,0,0,de_DE,0,0,0,0,0,0>]-[20222,1<4<11037,0,0,0,0,0,0,0,0,de_DE,0,0,0,0,0,5...
块属性: 替代文本 [5]	=|?? ??@0;|?? ??@E;|I ~?? ??@2;|?? ??@H;|=|?? ??@3;|?? ??@P;|= |?? ??@4;|?? ??@C;|=|?? ?...
增补说明 [1]	EPLAN 示例项目
项目类型	宏项目
设置修订性标识格式 (出自修订信息跟踪)	[14<10155,1,0,0,0,0,0,0,0,0>][CF]|14<10157,1,0,0,0,0,0,0,0,0>][CF]|14<10158,1,0,0,0,...
环境因素	无

图 3-77　切换项目类型

在项目属性的"结构"中，勾选"扩展的参考标识符"，接着打开"页结构"对话框，把"用户自定义的结构"移动到第一位，如图 3-78 所示。"数值"一栏中，有"描述性""标识性"和"不可用"等选择，"标识性"要求不可以重名，"描述性"可以重名。基于标准化的要求，一般选择"标识性"，如图 3-79 所示。单击"确定"返回，继续后面的环节。

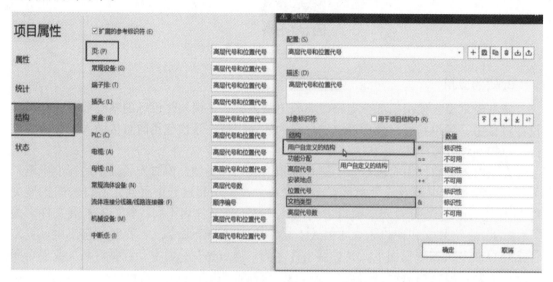

图 3-78　修改页结构属性

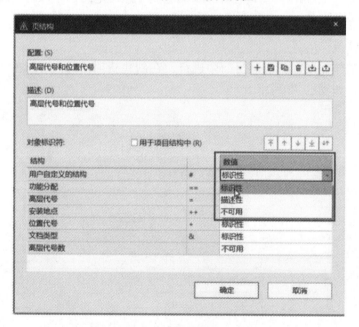

图 3-79　设置页结构标识符

在"设置：树形结构（页）"对话框中，打开宏项目的"显示"树结构，勾选"也显示描述性标识符"及"展开显示子结构"选项，如图 3-80 所示。完成勾选后，单击"确定"，返回页导航器，按 F5 进行更新。

在宏项目中新建页时，可以在完整页名处直接使用"#"号来划分，要注意其页类型应该选择"单线原理图（交互式）"，如图 3-81 所示；页导航器中的树结构如图 3-82 所示。

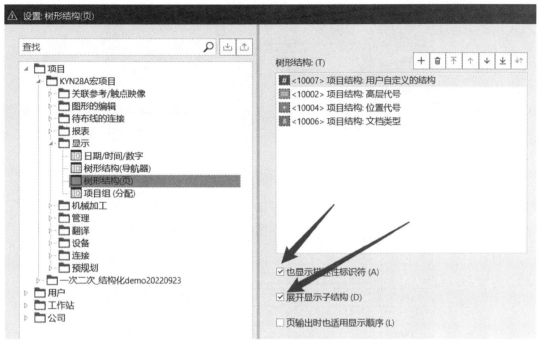

图 3-80　页的树形结构页面

图 3-81　页的设置

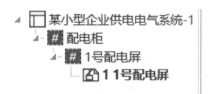

图 3-82　页导航器中的树结构

2) 创建窗口宏 / 符号宏

对于"窗口宏 / 符号宏",可以直接在绘制的原理图中生成,不需要单独创建宏项目。此处以项目中"BSL-11-13"一列电路为例进行演示,首先选中所需要创建窗口宏的部分原理图,单击鼠标右键,选择"创建窗口宏 / 符号宏",如图 3-83 所示。

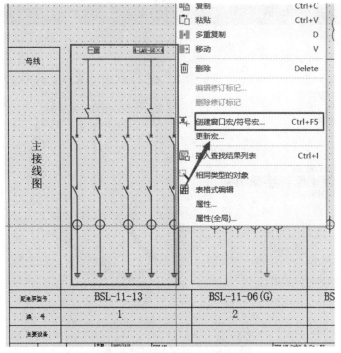

图 3-83　选择对应电路

在弹出的"另存为"对话框中设置窗口宏的名称及路径，如图 3-84 所示。

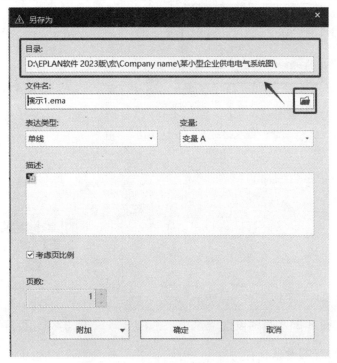

图 3-84　设置宏的名称及路径

创建好窗口宏之后，通过"插入"选择"窗口宏 / 符号宏"命令，如图 3-85 所示，就可以在图纸编辑器插入制作好的窗口宏原理图，插入原理图后，如图 3-86 所示。

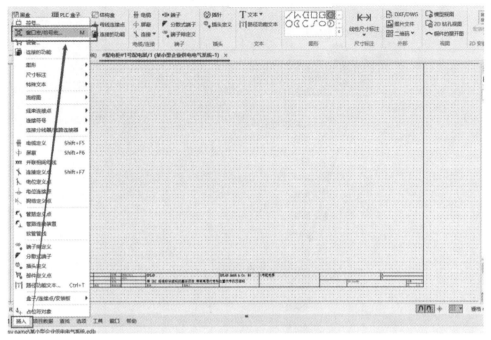

图 3-85　插入窗口宏 / 符号宏

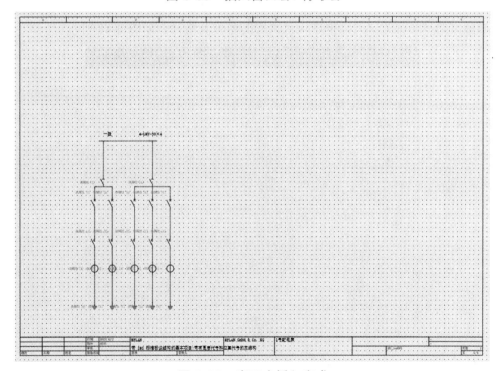

图 3-86　窗口宏插入完成

3) 页宏

创建页宏的时候，首先在页导航器中选择需要创建页宏的图纸页，也可以通过按住"Ctrl"键进行图纸页多选，然后单击鼠标右键，选择"创建页宏"，如图 3-87 所示。

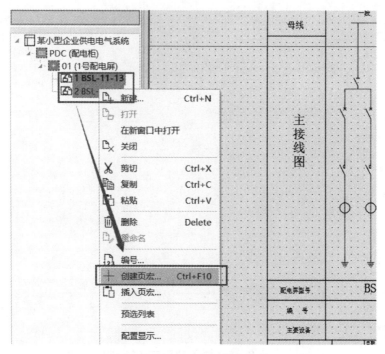

图 3-87　创建页宏

在弹出的"另存为"对话框中设置页宏的名称及路径，如图 3-88 所示。

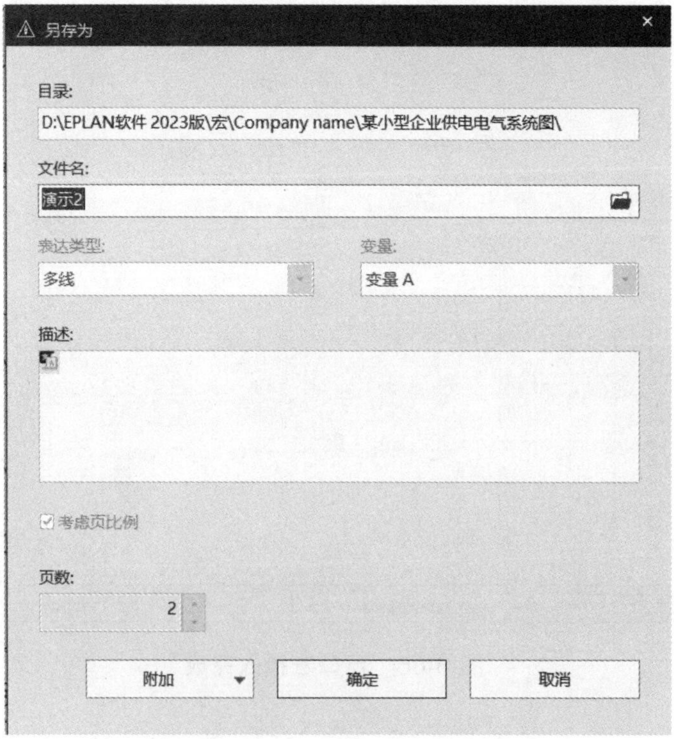

图 3-88　设置页宏的名称及路径

插入页宏时，可以通过"页"→"页宏"→"插入"的方式进行插入，如图 3-89 所示。

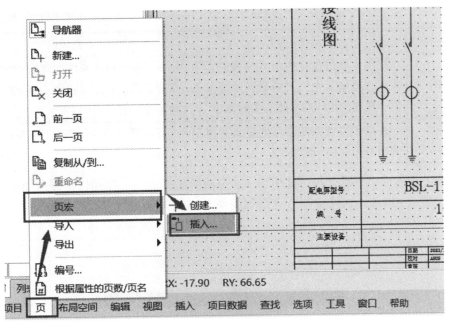

图 3-89　插入页宏

"宏"的应用

9. 报表生成

项目设计完成后，可以将项目数据以报表的形式输出，方便后期项目施工指导。常见的报表类型如表 3-35 所示。

表 3-35　常见的报表类型

报表类型	具体内容	补充说明
零件清单 (BOM)	列出了在电气设计项目中使用的所有电气元件和设备的详细信息，包括型号、数量、描述等	对于物料采购、库存管理和成本估算非常有帮助，此外，零件清单还可以用于生成其他报表，如装配清单和线缆清单
装配清单	提供了电气设备的装配和安装指导，详细说明了每个设备的位置、连接方式和所需的配件和工具	对于工程师、技术人员和安装人员来说是非常有用的参考资料，可以确保正确、高效地完成设备的安装和布线
线缆清单	列出了电气工程中使用的所有电缆和导线的详细信息，包括类型、规格、长度等	对于电缆采购、布线计划和故障排除非常有帮助，线缆清单还可以与装配清单和接线图相结合，提供全面的电气布线信息

续表

报表类型	具体内容	补充说明
连接图	提供了电气设计中所有连接的图形表示，显示了电气设备之间的连接关系、导线的走向和接线端子的标识	对于整体电气系统的理解和维护非常重要，可以帮助工程师快速定位和解决故障
功率分配报表	汇总了电气系统中不同设备和电路的功率需求和分配情况	可以帮助工程师评估电气负载、设计电源容量，并确保系统的供电符合要求

菜单栏处选择"工具"→"报表"→"生成"，单击"+"按钮，弹出"确定报表"对话框，展示 EPLAN 软件中的所有报表类型，如图 3-90 所示。

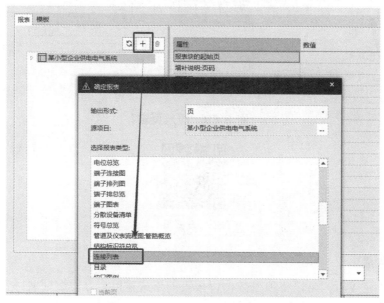

图 3-90 "确定报表"对话框

以生成"连接列表"为例，单击"确定"按钮，在弹出的"设置 - 连接列表"对话框中，更改"表格（与设置存在偏差）"这一设置，点击下拉按钮选择表格，这里以"F27_001"表格类型为例，如图 3-91 所示。

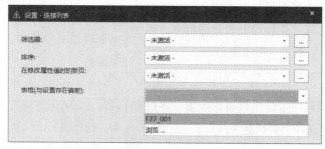

图 3-91 "设置 - 连接列表"对话框

单击"确定"按钮后，在弹出的"连接列表（总计）"对话框中，根据预定义的页结构，选择报表生成的归属结构，定义报表的页名及描述，单击"确定"按钮，完成报表生成，如图 3-92 所示。

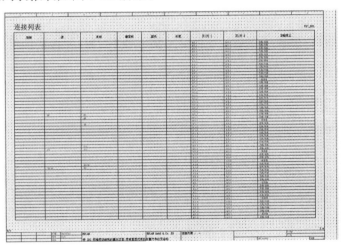

图 3-92 "连接列表（总计）"对话框

生成的连接列表报表如图 3-93 所示。

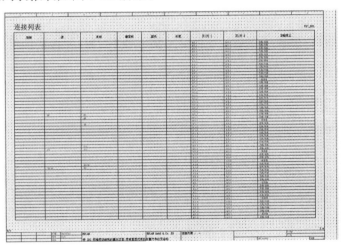

图 3-93 连接列表

报表生成

习 题

1. 车间低压配电系统的主要组成部分有哪些？请简要说明各部分的功能和作用。

2. 在设计车间低压配电系统时，需要考虑哪些关键因素？请列举并简要解释。

参 考 文 献

[1] 许涌清，武昌俊 . 电子与电气工程制图项目式教程 [M]. 北京：机械工业出版社，2012.

[2] 陈冠玲 . 电气 CAD[M]. 北京：高等教育出版社，2009.

[3] 刘广瑞，乔金莲 . 新编中文 AutoCAD 2007 实用教程 [M]. 西安：西北工业大学出版社，2007.

[4] 焦永和 . 工程制图 [M]. 北京：高等教育出版社，2008.

[5] 王俊峰 . 精讲电气工程制图与识图 [M]. 北京：机械工业出版社，2014.

[6] 陈慧敏，张静，于福华，等 . 智能电气设计 EPLAN[M]. 北京：机械工业出版社，2022.

[7] 覃政，吴爱国，张俊 . EPLAN 高效工程精粹官方教程 [M]. 北京：机械工业出版社，2019.

[8] 吕志刚，王鹏，徐少亮，等 . EPLAN 实战设计 [M]. 北京：机械工业出版社，2018.